私は猫が好き。
だから、
猫が幸せならばそれでいいんです。

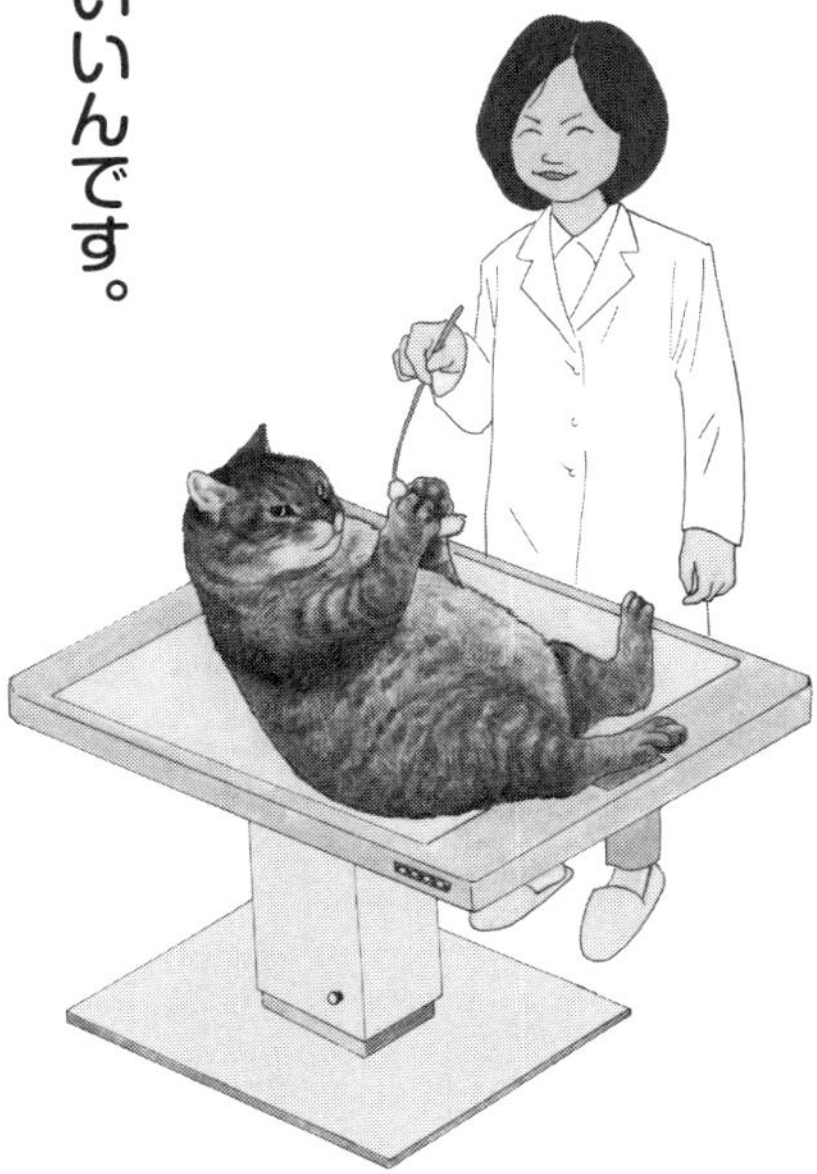

小学館

はじめに

幼いころから、動物が大好きでした。ピアノのお稽古で通っていた先生のお宅には猫が何匹もいたので、ピアノの先生のお宅に行くのが楽しみだった記憶があります。

ピアノの先生のところで猫と遊ぶと、必ずアレルギー反応が出てしまいました。目が赤くなってかゆくなるのです。結膜炎でした。それで、自分には猫に対してアレルギーがあるらしいことを知りました。そのため、我が家では猫と暮らすことを禁じられてしまいました。そんなわけで猫は無理でしたが、動物が大好きでしたので、ネズミや小鳥、犬と暮らしながらおとなになりました。

大好きな動物のことをもっと深く学びたくて獣医学部に入り、獣医師になりました。その後、動物の気持ちをもっと知りたくて、動物行動学の勉強をするためにアメリカに渡りました。そこで、初めてわが子として暮らすことになる雑種猫の「小太郎」と出会いました。

小太郎はアメリカのインディアナ州の農道でトラクターにひかれて倒れてい

るところを、動物看護師を目指していた学生に助けられ、一命をとりとめた猫でした。小太郎が回復してから、その学生さんが飼ってくれる人を探していた折に、私が手を挙げたのです。

顎の骨が折れていたり、左前肢の先がなくなってしまっていたりといった特徴がありましたが、私にとっては初めての飼い猫。猫との暮らしがどんなものか、小太郎のおかげで経験させてもらうことができました。

小太郎は推定13歳で癌になって天国に行きましたが、出会ってからその時を迎えるまでの間、ずっと一緒にいました。私の勉強と仕事のために北アメリカを縦断したり、太平洋を横断したり、さらには日本列島の東京～青森間を何度も往復してくれた仲間でした。

小太郎と現在の飼い猫「海の進」のことを思いながら、小学館の猫好き編集者さんと猫好きライターさんと3人で、世の猫たちとその家族みんなの幸せを祈りつつ、猫愛にあふれた楽しい猫談話をしながら書かせていただきました。

皆様にもこの「猫ラブ」の本を一緒に楽しんでいただけたらと思います。

入交眞巳

もくじ

漫画／おぷうのきょうだい
東京都在住の兄妹ユニット。2018年に刊行したデビュー作『俺、つしま』が15万部を超えるベストセラーに。「猫の描写がリアル」と各方面で絶賛された。

●本書は、月刊誌『サライ』のweb版「サライ.jp」内「にゃんこサライ」のコーナーに不定期に掲載されていた記事を大幅に加筆してまとめたものです。

第一章
猫さんの「猫生」でもっとも大切なこと

「猫は夜行性」は勘違い

猫は私たち日本人にとってとても身近な動物です。日本では今は飼い犬の数より、飼い猫の数のほうが多いくらいです。そんな身近な猫ですが、意外に知られていないことや勘違いをされていることがたくさんあります。

例えば、「猫は夜行性である」。答えはノーです。

現代社会で人との関わりの中で、暗くなってから行動せざるを得ない猫がたくさんいるため、夜行性と勘違いされてしまっているかもしれません。

＊＊＊

小動物が活動する明け方と夕方が忙しい

日本語の「猫」の語源は「寝子」という説があります（諸説あり）。実際、猫は1日の行動の半分以上を睡眠や休息に費やしています。

今から約1万年前に人間と関係を築きはじめたころから、猫は人間や家畜が食べる穀物をネズミなどから守って暮らしていました。

昔と変わらないそういう暮らし方をする猫たちの行動を観察した調査データがあります。それによると、農場で暮らす猫の1日の行動は、睡眠40％、休息22％、グルーミング15％、狩り14％、移動3％、食事2％、その他4％に分けられるそうです（※①）。

もちろん、例外はあります。また、食事の回数が多い猫はうとうとする時間も多くなるといった傾向も見られます（※②）。

「睡眠」40％と、「休息」22％、合わせて62％。

なんだ、やっぱり猫は寝てばっかりじゃないか。と思いますよね。本当にそのとおりなんです。本来は瞬発力を使ってハンティングをする猫にとって、「睡眠」や「休息」は、それだけ重要なのでしょう。

この調査対象は農場に住んでいる猫でした。そうした農場猫はいったいいつ寝ているのかというと、夜間です。

活動開始が明け方なのは、小鳥など、猫の獲物となる小動物が活動を始める時間帯だからでしょう。

農場の飼い猫ですから、飼い主さんからもごはんをもらいます。それ以外にも、ネズミなどがいれば猫の本能で狩りもしたくなります。

※①『Panaman, 1981』　※②『Ruckebusch and Gaujoux, 1976』

日が沈むころもネズミなどの夜行性の小動物が動き始める時間帯ですから、猫も活発に動きます。獲物が動きはじめる時間帯に合わせて、ハンティング(狩り)のために活動します。

農場で暮らす猫は夜ぐっすり眠る分、昼間はうたた寝をする以外は、起きていることが多いかもしれません。ごはんをもらったり遊んでもらったりと、飼い主さんとコミュニケーションをとるのは飼い主さんが起きている時間帯です。

ちなみに、「休息」というのは、うたた寝をしたりして体を休めている状態のことです。見た目には「睡眠」にも見える行動ですが、実際には深い睡眠状態に入っているわけではなく、いざというときにはすぐに動き出せる状態で待機しています。

夜に活動する都会の猫たち

農場の猫は夜に寝ているかもしれないけど、すべての猫がそうとは限らないんじゃないの? といわれてしまうかもしれません。実際、飼い猫でも野良猫でも、夜活動している猫はたくさんいますよね。

でも実はこれは、人間社会の中で生きる猫たちの処世術であり、いわゆる本

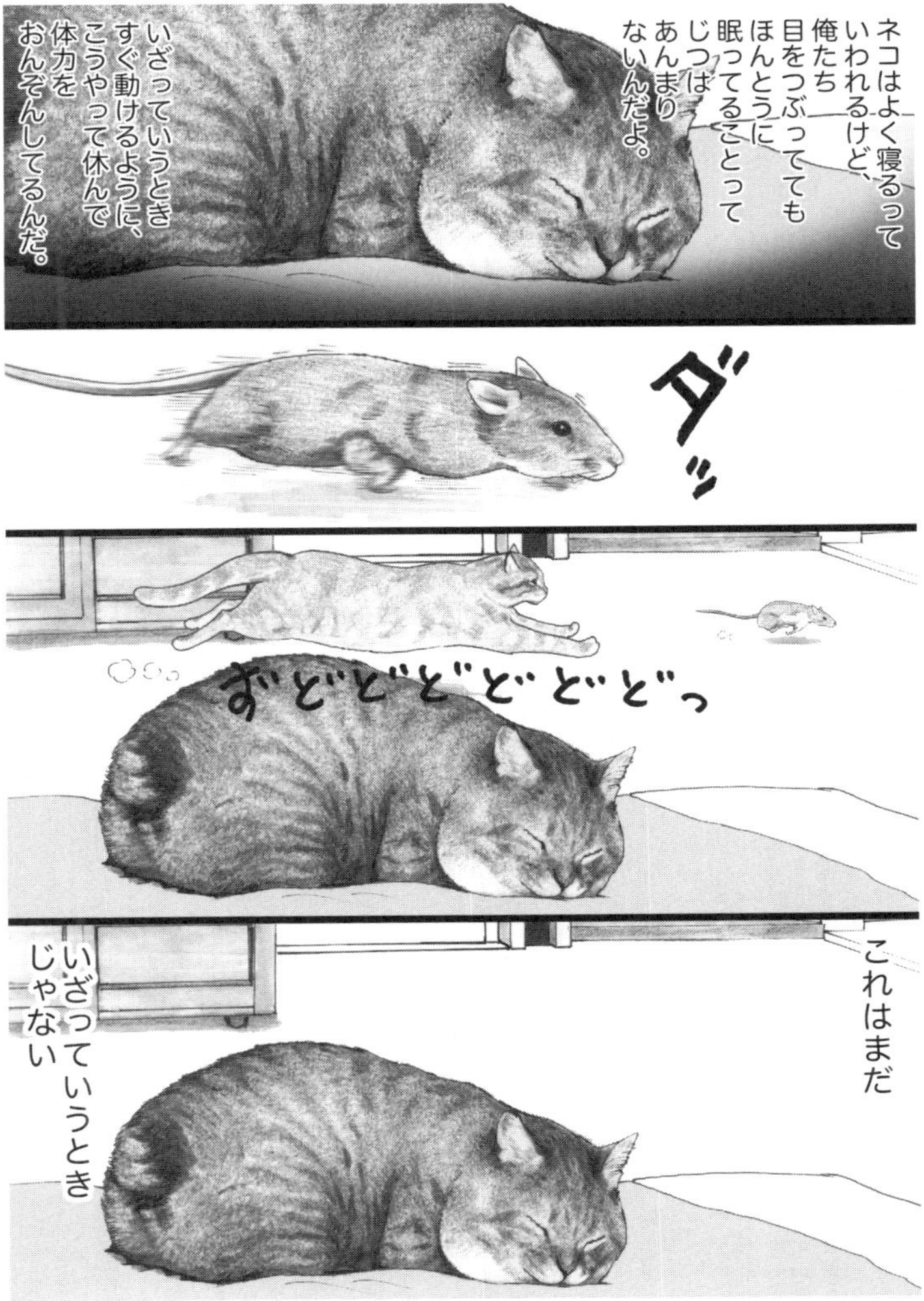
ネコはよく寝るっていわれるけど、俺たち目をつぶっててもほんとうに眠ってることってじつはあんまりないんだよ。
いざっていうときすぐ動けるように、こうやって休んで体力をおんぞんしてるんだ。
ダッ
ずどどどどどどっ
これはまだ
いざっていうときじゃない

来の猫のありかたとは違うものなのです。

ノクターナル（夜行性）かダイアーナル（昼行性）かといえば、猫はこのどちらでもありません。猫は、クリパスキュラー（薄明薄暮性）、つまり早朝や夕暮れの薄暗い時間帯に最も活発に動く動物です。

実験施設で飼育されている猫の行動に関する調査報告があります。それによると、日中12時間は電気をつけた状態、夜間の12時間は電気を消した状態に置かれ、規則正しい時間にごはんをもらっている猫は、日中のほうが夜間よりも1・4倍も活動性が高いことが判明しています（※③）。

ネズミなどの夜行性動物は、夜の間は動き回っています。昼間は基本的には休んでいます。

猫の行動パターンは、こうした夜行性の動物の行動パターンとは異なるのです。

「猫は夜行性ではない」というと、多くの人が「うちの猫は夜中に遊んでいます」といいます。実際、夜中にひとり運動会をしている飼い猫さんに起こされてしまう人や、夜道を歩いていて猫と遭遇する人も多いかと思います。でも、これにはちゃんと、わけがあるのです。

※③『Sterman et al, 1965』

都会に住む野良猫は「夜中に活動的であると考えられる」という調査結果があります。これは、都会暮らしの猫にとって、自動車や人通りが少なくなる夜のほうが「安全」だからです。事故に遭ったり恐い目に遭ったりする可能性が日中より低い（と猫が思う）から、おそらく猫は夜出歩くのです。

都会は夜でも常に電気がついていて明るいため、動きやすいというのもあるでしょう。現代社会は郊外でも街灯がともっていたり、自動車や人が通ったりするので、猫にとっては充分「都会」です。

都会の野良猫の主な食事場所は、店舗裏や人家のごみ箱など。農場猫と同じように明け方や夕暮れ時に動きはじめるネズミや小鳥などを捕ることもありますが、寝る時間帯と起きている時間帯は、農場猫と都会の野良猫とでは環境の影響で真逆です。

猫は人間の生活パターンに合わせて生きている

一見、行動パターンが真逆のように見える農場猫と都会の野良猫ですが、共通点がひとつあります。それは「人間に合わせている」という点です。

農場で人間に守られて生きている猫は人間が寝ている間に寝ることができま

すが、都会で人間から少し距離を置いて生きている野良猫は、人間が活動している時間帯は危険が多いと感じ、活動せずに寝る、ということです。

自由気ままに暮らしていると思われている野良猫ですが、長い歴史の中で、猫は人と共生するように「家畜化」された動物です。

人との関わりが希薄な野良でいるのは、非常に不自然な状態での暮らしを強いられているといえます。本来は人間の管理下で生きているはずの家畜なのに、人間から一定の距離を保ちながら、自動車などに怯えながら生きています。

現代社会において、都会のお外で暮らす猫たちが、夜寝て、昼間活動するという本来の生活をできずにいるのかもしれないですね。

人間も、職業によっては昼夜が逆転した生活をしなければならない人はたくさんいます。仕事でなくても、昼間寝て、夜活動する習慣が身についている人もいます。だからといって、「人間は夜行性動物である」とはいいません。環境からそうした行動をとっているだけです。

猫もやはり、置かれた環境から夜活動する習慣が身についてしまったのであって、夜行性の動物というわけではないのです。

猫さんの夜中の大運動会の秘密

では、飼い猫の夜中の大運動会はどう説明すればいいのでしょうか。これも「人間に合わせて生活している」からこその行動かもしれません。

日中、飼い主さんが仕事などで家にいなくて、退屈した猫がお昼寝をたくさんして、昼夜逆転生活になってしまったと考えられます。

夜騒ぐ猫さんは、昼間遊んでもらえなかった分、飼い主さんと遊びたくて注意を引くために大暴れしてしまうのかもしれません。飼い主さんが留守の昼間、猫がおうちで退屈しないようにいろいろと工夫できたらいいなと思います。

例えば、部屋のあちこちにおやつを少しずつ、隠しておきます。猫はにおいを頼りに、おやつを探します。見つけたときは、ハンティングが成功したときのように喜んでおやつを食べるでしょう。まだ他にも隠してありそうだぞ、と思ったら、どんどん探して、ハンティングの疑似体験を楽しむことができます。

また、触ると揺れるタイプのおもちゃをドアノブや椅子の脚などにくくりつけておくと、退屈になった猫が「えい！　えい！　捕まえてやる！」とそのおもちゃで遊びはじめます。しばらくすると飽きてしまいますが、ちょっとの間でもそうやってひとり遊びを楽しませることが大事です。

次の日には同じおもちゃを別の場所にくりつけます。そうすると、猫は昨日とは違った場所にそのおもちゃを見つけて、「あ、お前、こんなところに隠れていたのか！ちょっとかまってやるよ！」と遊びはじめます。

「猫は夜行性だから」との思い込みから、わざわざ夜、電気をつけたままにしておく、という人もいるかもしれません。愛情からの思いやりだと思いますが、夜はちゃんと眠れるように環境を整えるといいかなと思います。

夜、外を徘徊する野良猫を見たことがある人もいるのではないでしょうか。

猫は人間よりも暗い中で物を見ることができる動物です。瞳の奥に輝板という光を反射させる層があるからです。暗いところでカメラで猫を写すと目が光って見えるのは、輝板のせいです。猫の輝板は人間のそれと比べて、5分の1も少ない光を集めることができるといわれています。人間より夜目がきくというだけで、光がまったくない状態ではさすがに

毎日、おもちゃを移動させることで、猫を退屈させません。

何も見えません。

でもこれは猫に限ったことではありません。多くの動物が、人間よりも多くの光を集めることができる輝板を持っています。

猫はとってもきれい好き

睡眠＋休息の次に猫が多く時間を割いているのが、「グルーミング」（15％）です。狩りや食事よりもたくさんの時間をグルーミングに割いているのです。いかに、猫にとってグルーミングが大切かわかりますね。

猫に舐められると痛いくらいざらっとしますが、それは舌に小さな突起がブラシのようにびっしりと生えているから。この舌のブラシで猫は自分の体をブラッシングしたり、汚れを舐めてとったりしているのです。

＊＊＊

頭なでなでが大好きなわけ

猫は入念に手で「顔を洗い」ます。これはグルーミング（grooming）の一種。

groomは英語で、身なりを整えること、身づくろいをすることを意味します。猫の場合、毛並みの手入れです。日本では「顔を洗う」と表現されることが多いですね。

手を舌でぺろぺろと舐めて唾液をつけ、その唾液のついた手で顔のまわりをくるくるとこすりまわします。満足げな顔をして、じっくり、丁寧に顔を洗っている様子が微笑ましいですが、実は猫が顔を洗う行動は、生態学的には「決まりきった行動」とされていて、どの猫も決まった方法と順番で顔を洗います。

複数の猫と暮らしている方は、観察してみてください。シンクロするようにお手てを舐め舐め、顔や耳のまわりをごしごし、といった具合に、どの猫も同じステップで顔を洗っているのがよくわかるのではないでしょうか。

入念に顔を洗った後は、体全体も舐め回します。体の場合はわざわざ手に唾液をつけなくても、直接舐めることができますからね。

自分で自分のグルーミングをすることをセルフグルーミング（self-grooming）、仲のいい猫同士で舐め合って唾液でお互いの毛並みをお手入れすることをアログルーミング（allo-grooming）といいます。

大好きな仲間がいれば、自分では手や舌の届かないところを舐めてもらえます。猫が頭をなでなでしてもらうのが好きなのは、このためです。唾液や水分がなくても、手が届かないところを触ってもらえるのが気持ちいいようです。猫がグルーミングをするのは、食後だったり、くつろいでいるときだったりするようです。特に首、胸、前肢、肩の辺りはよく舐めるようです。

保護子猫にはお母さん猫のやさしいグルーミングを

猫のグルーミングには、マッサージ効果もあります。

例えば、生まれたばかりの子猫をお母さん猫が一生懸命舐めていますね。あれは、単に愛しいから、というだけではなく、毛並みを整えたり汚れを取り除き、血流を良くするためかもしれません。

もし、お母さん猫のいない小さな猫を保護したら、お湯で温かく濡らしたタオルなどで体全体をやさしくなでてください。そうすることで子猫は、お母さん猫にケアしてもらっているような心地よさを感じるかもしれません。

猫は寒いのが苦手な動物です。特に子猫は体が冷えやすく、体温低下は命とり。濡らしたタオルで拭いて、体を乾かしてあげてください。お母さん猫と同じとはいきませんが、子猫が少しでも元気になってくれればと思います。

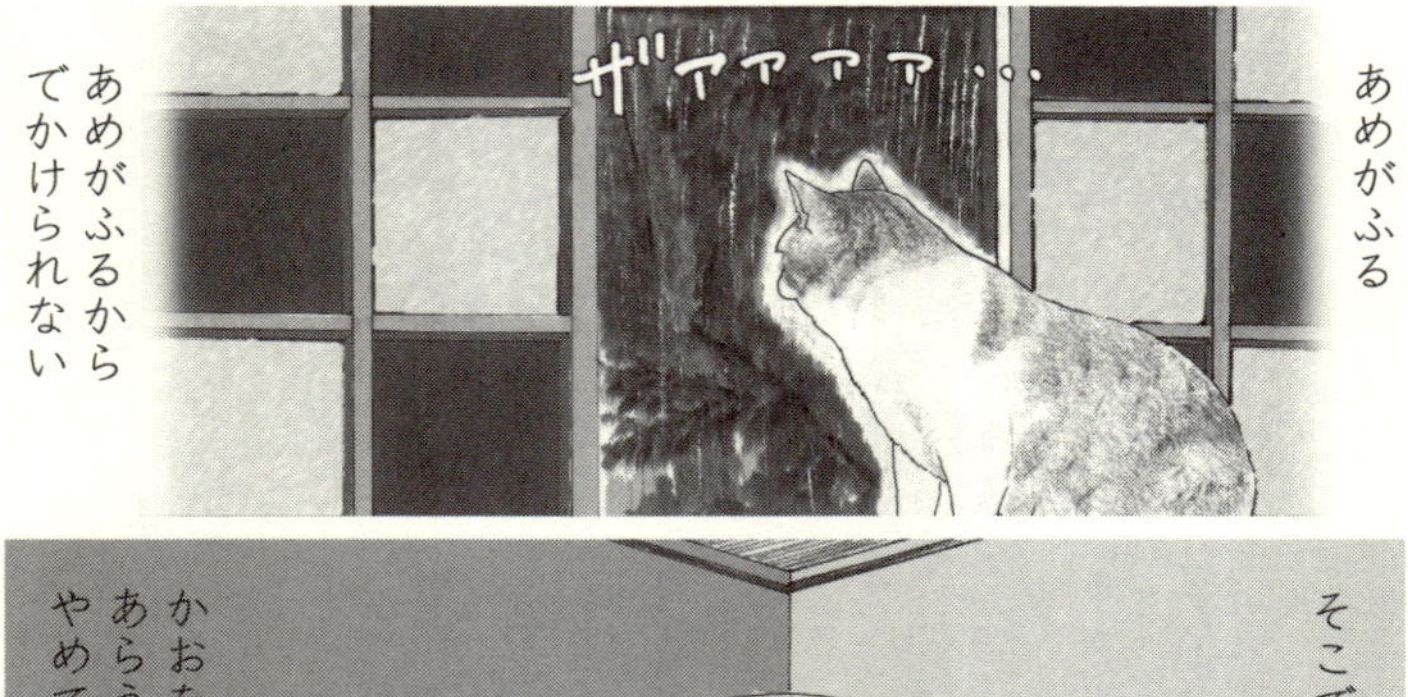

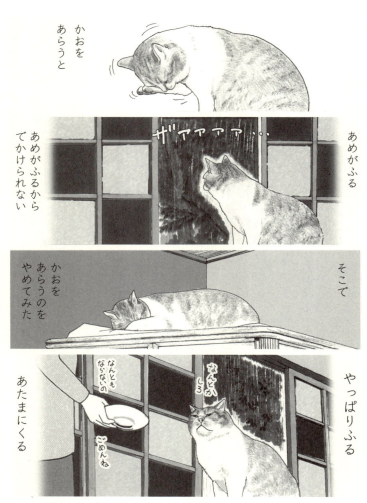

猫の天気予報は日本だけにある都市伝説みたいです。

猫的グルメの考察

グルーミングの次に猫が多くの時間を割いているのが、狩り（ハンティング）の14％でした。ここでは、ハンティングとその結果から生まれる食事行動（2％）について考えてみましょう。

今ではペット用品店やスーパー、ドラッグストアにも当たり前のように猫専門のフードが売られていて、愛猫さんの年齢や健康状態、好みに応じて選ぶことができます。でも、猫ってそもそもどんな食べ物が好きなんでしょうか。猫の本当の気持ち、聞いてみたいですね。

＊＊＊

猫が本当に食べたいもの

愛猫さんに「ごはんちょうだい♥」「おやつちょうだい♥」と甘えられると、かわいくてついたくさんフードを与えたくなってしまいます。でも、猫によって好みは千差万別。複数の猫を飼っていても、みんながみんな同じものが好きとは限りません。

最近でこそチキンやターキー、野菜入りなど、キャットフードのバリエーションは豊富ですが、日本では「♪お魚くわえたドラ猫〜」とも歌われるように、猫といえば魚が定番という印象を受けます。

アメリカではもっぱらキャットフードといえばチキンが主流ですが、だいぶ以前に行なわれた調査（１９５６年）では「魚のほうが肉より好き」という報告もあります。

イギリスのある地域にいる野良猫の一番の好物は子ウサギの肉という話を聞いたこともあります。

食生態学者の故・西丸震哉さんが世界中の猫たちにさまざまな餌を与えたところ、どの国の猫も狂喜乱舞して食べたのがアジの干物だったといいます。やはり、猫には魚なのでしょうか。

おそらく、どの調査も正しいのでしょう。私たち人間だって、味噌汁ひとつとっても、住む地域や育った環境によって白味噌がいい、いや赤味噌だと好みが分かれるように、猫にだって好みはあります。

イギリスでまとめられた調査報告には、「それぞれ生まれ育った場所で食べてきたものが好き」とありますから、猫も慣れ親しんだ味がいいわけです。

母猫が教えるハンティングとおふくろの味

子猫は、母猫からハンティング（狩り）の方法を教えてもらいます。

お外で暮らす猫たちの様子を観察していると、最初、母猫は捕らえて絶命させた小鳥や野ネズミなどを持ってきて子猫に与えます。

次に、瀕死の状態の獲物を持ってきて与えます。子猫は獲物にとどめをさす方法を母猫から教わるのです。

これがクリアできたら、次に母猫は生きたままの獲物を持ってきて、子猫にハンティングの練習をさせます。こうやって段階的にハンティングを教えていくのです。なかなかの教育システムといえそうです。

子猫はハンティングの方法を教わると同時に、母猫が持ってきてくれる獲物の味を覚えます。その獲物の味が子猫にとっての「おふくろの味」になります。

母猫が鳥を捕まえるのが上手だったら、子猫も鳥を食べて育ち、自分でも鳥を捕まえるようになるのでしょう。その土地でもっとも捕まえやすい最良のものを好んで食べるようになるのでしょうね。

最初から人間と暮らす猫が産んだ子猫であれば、母猫同様、人間が与えるキャットフードを食べるのが当たり前になっています。おもちゃを使ったハンティングの練習などはしますが、基本的にはキャットフードがその猫の「おふくろの味」になるわけです。

人間も生涯を通していろいろな食べ物に出会いますが、やはり幼いときから食べ慣れた「おふくろの味」は格別なのではないでしょうか。

私は父の仕事の都合で、2~5歳までアメリカに住んでいました。幼稚園でよく食べたのが、ピーナッツバターとぶどうのジャムを挟んであるサンドウィッチでした。めちゃくちゃ甘くて、日本人の友人も好まない味なのですが、私にとっては大人になった今でも懐かしい、食べたくなる味です。

病気になったとき、食べたいと思うものは懐かしいおふくろの味であったり、子供のころから知っている味だったりします。猫もそれは同じなのです。

病気になった小太郎が食べたもの

猫にとっての「おふくろの味」というと、私の愛猫・小太郎のことを思い出します。

小太郎の好物は、鶏肉でした。といっても、私がそれに気づいたのは、ずいぶん後になってからのこと。アメリカ生まれ、アメリカ育ちの元野良猫なので、基本的になんでも食べた小太郎でしたが、晩年に病気を患ってから、小太郎がどれだけ鶏肉好きだったたか、改めて知ったできごとがあったのです。

リンパ腫という癌になった小太郎は、次第に食欲が落ちていきました。小太郎が今まで好きだったキャットフードはもちろん、いつもより高価な缶フードやいぶした魚の猫用おやつを与えたりしましたが、食はほとんど進みませんでした。以前はあんなに食いしん坊だったのに。何か食べてくれないと、体力がどんどん落ちてしまうのではと、心配の日々でした。

そんなある日、私が夕食の一品として鶏肉の酒蒸しを作っていたところ、小太郎がこちらを見ていることに気づきました。それで鶏肉の酒蒸しを一切れ、小太郎に与えてみました。すると、食欲がなくなっていた小太郎のテンションが急に上がり、食べはじめたのです。

ああ、小太郎は鶏肉が好きだったのね……もっと早く気づいてあげればよかったと思いました。

それ以来、私は毎日、小太郎のために鶏肉の酒蒸しを作るようになりました。

私も獣医です。小太郎の命はもう長くはないとわかっていました。でも、猫好きのひとりの飼い主としては、少しでもいいから好きなものを食べて、ちょっとずつでも元気を取り戻してほしかったのです。

しばらくの間は鶏肉の酒蒸しでなんとかしのいでいたのですが、そのうち、それさえもあまり食べられなくなってきました。小太郎は日に日に衰え、つらそうに寝てばかりでした。

ハンバーガーが「おふくろの味」

ところが、ある晩のこと。その日は帰宅時間も遅くなり、食事の支度をする気力もなかったため、ファストフードを買って帰宅しました。

なんの気なしにいつもどおり、玄関のドアを開けました。すると驚いたことに、寝てばかりいたはずの小太郎が、「ニャー！ ニャー！ ニャ〜〜〜！」と叫びながら近よってきたのです。久々の小太郎のお出迎えでした。

「どうしたの、小太郎⁉」

いつも苦しそうに寝てばかりで、移動するときも足元がおぼつかないようになっていた小太郎が玄関に⁉ そんなに私に会いたかったの？ 帰宅が遅くなってごめんね、なんて思っていたのも束の間、どうやら小太郎を興奮させていたのは、私が手に提げていたファストフードの入った袋だったようです。

小太郎は部屋の中で敏感ににおいをキャッチし、玄関までやってきたのです。

「え？　これ欲しいの？」

もちろん、油分も塩分も高いファストフードのハンバーガーを猫に食べさせるのは良くありません。でも、もう命の灯が消えかかっていた小太郎には、食べたいと思ってくれるものを食べさせようと思いました。

ちょっとだけハンバーガーのパティを食べさせてみたら、食べる食べる。さらに、フライドポテトも欲しそうにしたため、与えてみました。一心不乱にフライドポテトまで食べはじめたのです。まさか小太郎がこんなにもファストフードを好きとは、思いもよりませんでした。

おそらく、小太郎はアメリカでの野良時代にごみ箱をあさる生活もしていたのだと思います。

野良猫として生まれた小太郎は、お母さん猫にハンティングを教わったのでしょう。でも、アメリカの田舎町で生まれ育った野良猫のハンティングというと、飲食店などの路地裏のごみ箱あさりが最も確実な方法だったはずです。ごみ箱に入っている残飯の中には、フライドチキンやハンバーガー、フライドポテトなどがあったのでしょう。

小太郎の場合、「おふくろの味」はフライドチキンやフライドポテト、ハンバーガーだったのだと思います。

病気で倒れてから、鶏肉を欲しがった小太郎。フライドポテトが大好きだった小太郎。病気と闘うために、体力をつけるために頑張った小太郎でしたが、結局、病気には勝てませんでした。推定13歳の生涯でした。

小太郎は最後の最後で、私に自分にとっての「おふくろの味」を教えてくれたのでした。

「おふくろの味」を活用する

猫にも「おふくろの味」がある。この事実をうまく活用することもできます。

小太郎もそうでしたが、年をとって、病気になったりすると、食欲が減退したり、それまで当たり前のように食べていたものを食べられなくなったりします。また、療法食に切り替える必要も出てきます。療法食とは、それぞれの病気に対応すべく、栄養バランスを考えつつ特別に調整されたペットフードです。

一般的には獣医師のアドバイスに従って与えます。

病気になってから急に「これを食べなさい」と与えても、なかなか食べてくれない猫もいます。減塩されていたり、たんぱく質の量が変えられていたりして味気ないのかもしれません。だから、子猫のうちに少し療法食を食べさせておくのです。

離乳して、自分でフードを食べられるようになるころに与えておけば、ずっと先の将来、その味を懐かしんで、おいしく食べてくれるかもしれません。

猫だって毎日同じ食事はイヤ！

猫の健康を考えて選んで与えているキャットフード。最初のうちは「おいしい！」と喜んで食べていたのに、しばらくすると食べ残したり、まったく食べてくれなくなったり。そんな経験をしたことがある飼い主さんも多いのではないでしょうか。大袋でキャットフードを買ってしまった日には、食べてくれなくなると、「これ、どうすんの？」とトホホな気分になってしまいますよね。

偏食がちな猫ですと特に、ようやく食べてくれるフードにたどりついたのに、またすぐに食べなくなってしまうなんて、もうがっかりです。

人間に照らし合わせて考えてみましょう。毎日3食、味噌汁とご飯と漬け物の食事を食べつづけていて、ある日、目の前にジューシーなステーキを出されたら、どうでしょう。一口食べたら、「ナニコレ⁉ 夢の国の食べ物⁉」なんて思うかもしれません。

猫も同じで、珍しいものを食べたら「おいしい！」と思うでしょうけれど、それも一時のことで、またいつもの食事に戻るといったことは往々にしてあることです。

誕生日やうちの子記念日に、いつもとはちょっと違ったおいしいものを食べさせるのは、愛猫を喜ばせることになるかと思います。でも、毎日脂肪分が多かったり栄養バランスに偏りのあるものばかり与えていたら、それはそれで健康が心配になってしまいます。猫も人間も、グルメはほどほどがちょうどいいのかもしれませんね。

ごはんは小分けして食べたい

猫の食事行動パターンについても考えてみたいと思います。

いつ食べ物にありつけるかわからない野良猫や、腹ぺこ状態の猫は別として、猫は、出されたごはんを一度に全部は食べず、ちょっとだけ残したりしませんか。あと一口なんだから食べちゃえばいいのに、なんて思うことがあります。

一口食べて、すぐに満足して顔を洗いはじめたかと思うと、またしばらくして食べていたりします。遊び食いをしているようにも見えて、本当はおなかがすいていないの？　と勘ぐってしまいますよね。

猫は本来、小鳥やネズミなどの小動物を1匹捕まえて食べ、満足しては休憩、またおなかがすいてきたら食べる、といった具合に小刻みに食事をする動物です。これは、猫の本能に根ざしたハンティングの習性に由来すると思われます。

猫のご先祖様は、ネズミなどから穀物などを守るために人によって家畜化されたリビアヤマネコです。人間と暮らすようになった当初（1万年ほど前）の役割を今も果たしている穀物庫を守る農場暮らしの猫は、1日に何度も食事をするという調査報告があります。

この調査によると、ハンティングの上手な猫は1日に12匹くらいの小動物を捕まえて食べることができるそうです（※④）。

こうした猫の習性から、猫は本来、1日の間に数回に分けて、小動物1匹あるいは小鳥1羽くらいの量の食事をする動物だということがわかります。

※④『External infulences on the feeding of carnivores, 1977』

でも、飼い猫の場合、飼育環境によっては小分けにしたフードを1日に12回も与えるなんて、なかなかできないことですよね。せいぜい、2～3回に分けて与える、あるいはある程度の量をお皿に入れておいて、猫自身に任せているという人が多いかと思います。

タイプ別 猫さんへのごはんの与え方

たくさんフードを入れたお皿が置いてあるお宅だと、猫はいつでも好きなときにごはんにありつける状態です。そういう飼い猫の多くは、小動物1匹分くらいの量のごはんを食べたら、食事はとりあえずおしまい。またおなかがすいてきたら次の食事タイムになります。常にごはんがあるので、ハンティングの上手な猫と同じくらい獲物にありつけているということになります。

愛猫さんが、健康状態もよく、このようにちょっとずつ食べる猫であれば、仕事などでお留守番をさせる場合も多めにごはんを器に入れておいても大丈夫です。猫は自分のペースで、好きなときに好きな分量だけ食べます。

ちょっとずつ食べる猫がいるかと思えば、とにかく食いしん坊で、与えられたごはんを一度に全部食べてしまう猫もいます。これはいつ食事にありつけるかわからない野良出身の猫さんの学習による行動だとか、ごはんを取り合うライバルがいるとかいった環境的な要因、あるいは性格的な要因によるのではないかと思います。

与えた分を一度に全部食べてしまう猫にお留守番をしてもらうときには、ごはんを多めに置いておくのは得策ではありません。

1日分を一度に食べてしまって、飼い主さんが帰宅したらまた「おなかすいた！」と催促。さっき食べたばかりなのに、さもずっと何も食べてませんといった顔でごはんやおやつを哀願してくる猫もいます。1日の摂取量以上を食べて、肥満になってしまう可能性もあります。

こういう猫の場合は、タイマー式のフィーダー（自動給餌器）が活躍してくれそうです。設定した時間に、設定した量のごはんが自動的に器に入る仕組みになっているので、1日分の給餌量を管理できます。

最近はいろいろな種類のフィーダーがあります。録音機能がついたものであれば、飼い主さんの声を録音しておくと、ごはんの時間に飼い主さんの声で呼びかけてくれるので、猫もさみしいごはんタイムにならないかもしれません。

猫さんの健康長寿のためにバランスいい食事を

お店にたくさん並んでいるキャットフード。選ぶ際は、袋や缶に書いてある表示を見て、「総合栄養食」と書かれてあるものを主食として与えてください。総合栄養食には、猫に必要な栄養が必要な分だけきちんと入っています。フードを作る会社はきちんと動物の栄養のことを考えて、研究してフードを作っていますので、安心して与えていただけたらと思います。

キャットフードを手作りをする場合、猫に必要な栄養素に関して、きちんと調べてすべて適切な量を摂取できるように準備していただきたいと思います。

猫の場合、例えばタウリンを充分摂取していないと心臓の病気になることがわかっています。体重何キロの猫にはどれくらいの栄養素が必要かといった専門的な知識が必要になってきます。

インターネットで検索して出てくるレシピには、ちょっと気をつけましょう。インターネットに出ているレシピの栄養バランスを調べたところ、ほとんどのレシピに問題があった、という報告があります。猫のための栄養学をちゃんと勉強したうえで、猫にとっていいフードを作っていただけたらと思います。

ドライフードは長期間保存できるように水分量をなるべく減らして作られていますが、空気に長い間さらしておくことで酸化していきます。酸化するとおいしくなくなり、猫も食べなくなってしまいます。

そのため、基本的にドライフードは新しい袋を開けて1か月くらいで食べきるサイズを選んでいただくといいかと思います。1か月では食べきれない場合、開封したらすぐにジッパーつきのプラスティック製保存袋などに小分けして入れて、空気を抜いて冷暗所で保管してください。冷蔵・冷凍庫に入れて出し入れすると、袋の中に水滴がついてカビの原因にもなるため注意が必要です。

猫は年齢を重ねると腎臓病になりやすいので、水分を多く含む缶フードもおすすめです。水分を充分に取ることはとても大切です。

また、災害時、水の供給が少なくても、缶フードがあれば水分補給ができます。そうした意味でも缶フードもうまく利用するといいなと思います。缶フードに関しては、開封したら1日でなるべく食べきるようにしましょう。

おふくろ

第二章
きれい好きな猫さんは トイレにこだわります

意外に重要な猫さんのトイレ問題

猫にとってトイレはとっても大切。トイレの種類、砂の種類、置き場所をはじめ、着目点はいろいろあります。

ここでは、猫のトイレ行動に関するあれこれをお話ししたいと思います。愛猫さんのトイレ問題で悩まれている方の参考になれば幸いです。

＊＊＊

愛猫のSOSを聞いてみよう

猫の飼い主さんからのSOSで最も多いのが、「うちの子の粗相をなんとかしたい」というものです。

「夜中にトイレに行くと、廊下に転がっている〈うんこ爆弾〉を踏んでしまうことがあります」

「うちの子は用を足すとき、必ずトイレの枠外にしてしまいます」

「クッション、ソファ、布団、ワイシャツ……柔らかいものの上でおしっこをする癖が直りません」

などなど、私のところにも、飼い主さんたちの悲鳴が多く寄せられます。

この本の担当編集者（『ありがとう！わさびちゃん』シリーズ担当の通称「おじさん編集者」）の愛猫かつもとくんも、お布団でうんちをしてしまう癖があったそうで、悩んでいました。

トイレ問題を抱えていたかつもと

トイレの悪い癖は、飼い主さんにとっては重大問題です。何度も布団やクッションを洗っても、においがとれなかったり……。

猫の粗相の原因を解明するには、家の中の構造、家族構成、家族との関係など、いろいろな要素を把握する必要があり、一概にこうだと言い切れません。トイレの環境がいやだという場合や、スプレー行動の場合、ストレス行動の場合、病気の場合など、さまざまです。

もしトイレ環境の問題だった場合、実は猫は今のトイレの状態をお気に召していないかもしれない、ということを疑って、まずはトイレの環境を見直してみるという提案をしたいと思います。トイレの大きさや形、砂のタイプ、置き場所などを工夫することで、改善が見込める可能性があるのです。

まずは観察が改善の第一歩

自分が好きなようにトイレをカスタマイズしていいといわれたら、どうしますか？　便座の高さ、保温機能、水を流すハンドルの位置……毎日使うものですから、使い勝手のいいトイレ環境を作りたいはずです。

猫も同じです。飼い主さんが責任をもって愛猫さんが納得してくれるトイレを提供しなければなりません。

市販されている猫用トイレには、さまざまな種類があります。四角い箱状のトイレに砂を直接入れるタイプのもの、箱の底がすのこ状になっていて下に受け皿のようなトレイがついたもの、カバーがついているもの、上から潜り込むタイプのものなどなど。

砂もいろいろあります。鉱物系や紙製、木製ペレット、食べてしまっても安心というおから製など。香りつきや、固まるタイプ、濡れると色が変わるタイプと、実にさまざまな商品があります。トイレも砂も種類が多すぎて、迷ってしまうほどです。いろいろ試しながら、愛猫さんがどんなトイレや砂がお好みかを探りましょう。

特に、愛猫さんの粗相でお悩みの方は、愛猫さんがどんなふうにトイレを使っているか、じっくり観察してみてください。

ポイントは大きく分けて5つあります。

①猫のトイレ行動

猫はトイレに入ると砂のにおいを嗅いだり、掘ったり、身体の向きを変えてまた掘ったり、といったことを繰り返します。これは猫がトイレで用を足す前に自然に行なう行動です。しばらくそんなことを繰り返した後に、ようやく姿勢を整えて、いざ、という具合です。終わったあともくるくると動きまわりながら、排泄物に砂をかけて埋めていきます。

猫がこうした自然な行動を無理なくとるためには、猫の体の1・5倍くらいの長さのある猫用トイレが理想的だと考えられます。

トイレが狭いと、身体の向きを変えたり、ポジショニングを決めたりするのに窮屈な思いをしてしまいます。体の1・5倍ほどの広さがあれば、トイレの中でスムーズに体の向きを変えることができ、猫の満足度は高まります。

猫がトイレの縁に足をかけて排泄している姿を見ると、トイレに足をつけたくない、きれい好きかな、なんて思えますが、実は当の猫にとってはトイレが狭くて、仕方なくそういう姿勢になってしまっている可能性があるのです。

また、最近はカバーつきのトイレや、猫が上から潜り込んで使うタイプのトイレ商品が人気です。カバーや蓋で覆われていれば砂がまきちらされることもなくお掃除は楽です。猫は押入れや箱の中など、狭いところに好んで入る傾向にありますから、カバーつきのほうが猫にもいいのでは？とも思えますよね。

でも、猫目線で考えてみた場合、どうでしょう。狭いトイレの場合、カバーまでついていると、中で動きづらく、においもこもってしまい、猫にとってはどうにも居心地が悪いのかもしれません。トイレで用を足すのと、狭いところに入ったりしてくつろぐのとでは目的が違います。トイレが狭いとやはり猫にとっては不便のようです。

入口から顔を突き出して、前肢や後肢で縁につかまりながら踏ん張っているようなら、猫が「狭いな」と感じているサインかもしれません。

トイレから猛ダッシュで逃げ出す行動も、猫がトイレを嫌っているからだと考えられています。

愛猫さんが狭そうにトイレを使っていたら、カバーを外して様子を見てみてください。でも、猫にとって一番いいのは、やはり大きなトイレに変えることです。大きなトイレであれば、カバーがあってもあまり問題を感じない猫が多いことがわかっています。猫目線でトイレを選ぶことが大事ですね。

先述した担当編集者のうちのかつもとくんも、どうやら狭いカバーつきのトイレがお気に召さなかったようです。カバーのないトイレに変えたところ、今はお布団で粗相をすることもなくなったそうです。

済んだら
うめといて
ちょうだい

②砂の選び方

一般的に、多くの猫が細かい粒状の砂を好みます。安定感があって、かきやすい細かい砂のほうが使いやすいようです。もちろん例外はあり、子猫のころから大粒タイプの砂を使い慣れている猫もいます。

愛猫さんが粗相をするようでしたら、砂を変えてみるのもいいかと思います。愛猫さんにとって一番使いやすそうなものを探してみてください。

③トイレの数はできれば猫の数プラス1

トイレの数は、最少でも飼い猫の数は用意するのが理想です。スペースに余裕があれば、プラス1を置くといいかと思います。

猫はとってもきれい好き。複数のトイレがあれば、ひとつが汚くなっても、別のトイレに入ることができます。

複数の猫がいるお宅では、ひとつのトイレがふさがっていたり、いじめっこ気質の同居猫にトイレに行くのを邪魔されたりするようなケースも考えられます。おっとりした性格の猫さんがトイレに行こうとすると、ちょっと意地悪というかいたずら好きな猫さんがわざと通り道に寝転がってとおせんぼする、なんて光景を見たことがある人もいるかもしれません。

「トイレに行きたいのに、あいつがいて通れない、どうしよう……」

困っているおっとり猫さんを見て意地悪猫さんは楽しんでいるようです。

こういうケースの解決策は、トイレをあちこちに置いておくこと。他にもトイレがあるとわかっていれば、おっとり猫さんも安心できるでしょう。

授業や会議、映画を見る前など、ちょっと時間があって、近くにトイレがある場合、それほど切羽詰まっていなくても「あ、トイレがあるから行っておこう」と思うことがありますよね。

猫も同じで、通りがかりにトイレがあると、「用を足しておこうかな」とトイレに入ることがあると思います。目につくところにトイレがあれば粗相を減らすことにつながるし、複数のトイレがあることは猫にとっても便利です。

複数のトイレを置くことは、トイレをめぐるトラブルを減らすことにもなるので、粗相の心配が減るうえに、猫同士のトラブルも回避できるわけです。

猫のトイレをたくさん家に置くのは嫌だなー、というお気持ちはわかりますが、ここもやはり猫目線が必要なところです。

キャッ
ごめん

④トイレが遠いのはイヤ！

トイレの設置場所は、それぞれの家や部屋の構造や環境、猫の性格にもよりますが、猫がよく過ごす部屋の近くに置くのがいいでしょう。

リビングなど人が集まって騒がしいような場所では猫としても気が散って用を足しづらいし、普段いる場所から遠く離れていると、行くのが面倒になったり、我慢できずにトイレへたどりつく前に他の場所で排泄してしまったりする危険があります。

私がアメリカに住んでいたころの話ですが、知人のお宅では地下室に猫のトイレを置いていました。でも、用を足したいときに地下まで降りていくのは猫にとっては面倒だったようで、地下室に降りる階段の手前で排泄してしまうことが多かったとか。そこで、トイレを置く場所を地下から1階に移したところ、問題は解決したそうです。

⑤きれいなトイレでなきゃイヤ！

猫はとってもきれい好きな動物。トイレもきれいなほうがもちろん好きです。人だって同じです。我慢できる許容範囲はそれぞれですが、きれいなトイレのほうが気持ちいいものです。猫のトイレも、こまめにお掃除をしてきれいに保つことが大切です。

「うちの猫は用を足した後、猛ダッシュでトイレから逃げます」という飼い主さんがけっこういます。

「トイレをしている間はいつ敵に襲われるかわからないため緊張しており、終わると緊張からの解放感でテンションが上がって喜び勇んで走るのだ」といったような説明を目にすることがありますが、本当にそうでしょうか。

アメリカで猫の行動を研究していた際、お外で暮らす猫たちの様子を観察したことがあります。

住宅街の一角の広い野原にいた猫は、野原の真ん中までてくてくと歩いていき、地面をかいたり、身体の向きを変えたりして、よっこらしょとばかりに用を足しはじめました。終えた後は、ゆっくりと地面をかいて丁寧に排泄物を隠し、悠々とその場から立ち去りました。

何もない野原です。いつライバル猫や散歩中の犬に驚かされるやもしれません。でも、その猫は緊張した様子はまったくなく、実に堂々と、優雅に用を足していました。

こうした例からも、猫がトイレから猛ダッシュで逃げるのは危険な状態からの緊張がほぐれたため、というのは当てはまりません。住み慣れた家の中であればなおさらで、どんな敵に遭遇するというのでしょうか。

それよりもむしろ、猫さんは「そこに長くいたくない」と考えるのが自然です。私たちだってあまり掃除がされていないトイレでのんびりと過ごしたい、とは思いませんよね。ちょっとした汚れは気にならないという人もいるかもしれませんが、外出先ではトイレに行けないという人だっています。

猫だってそう。「くさい！　汚い！　イヤ！」と思っているから、早くそこから出ようと思って逃げ出すのでしょう（「狭い！」の可能性もありますが、そこは改善したという前提での話です）。おしっこをした跡の塊が1か所あるだけでも「もうイヤ！　他の場所でしちゃうもん！」というデリケートな猫だっています。

一日中猫の側《そば》にいて、猫がトイレをするたびに片付けられたらいいのですが、なかなかそうはいきません。でも、トイレの数を増やしたり、こまめにお掃除をしたりして工夫することはできそうです。

＊

粗相の要因は他にもいろいろ考えられますが、まずは改善しやすいこの５つの点を見直してみてください。

市販の猫用トイレでどうにもうちの子に合うトイレがないわ、充分な大きさじゃないな、という方もいらっしゃるかもしれません。そういう方の中には、プラスティック製の衣装ケースをトイレとして使っている人もいます。

衣装ケースに砂を入れ、もうひとつの衣装ケースに入口用の穴をくりぬいてカバーとして使っている人もいます。衣装ケースなら充分な大きさがあり、カバーがあっても猫も狭苦しさを感じることなくのびのびと用が足せますね。

猫はいろいろ。事情もいろいろ。トイレを大きくしても、カバーをとっても、砂を変えても、場所を変えても、「おしっこテロが止まらない！」と頭を抱える人はいるかと思います。いろいろ試したけれど、まだ粗相が続く。そんな場合は、他にどういった原因が考えられるでしょうか。

人の目には同じ粗相に見えるかもしれませんが、実はその目的はさまざま。マーキング、アピール、溜まったストレスを解消するため、病気など、トイレ問題は、いろいろな可能性が考えられます。飼いはじめたばかりであったり、引っ越したばかりだったりすると、新しい飼い主さんや新しい環境にまだ慣れていなくて、トイレ以外の場所でしてしまう子もいるかもしれません。

最初に挙げたマーキングと粗相とを見極める方法は簡単です。マーキングは別名を「スプレー行動」ともいいますが、その名のとおり、霧状のおしっこを体の後方に向かって噴射します。

おしっこの場合は、下や斜め下に向かって一直線に出ますが、スプレーは壁などに吹きかけるのです。現行犯で見ていなくても、壁に一極集中ではなく、広がるようにおしっこのような跡があれば、それはスプレーです。

マーキングの場合はおしっこよりも少なめな場合があります。マーキングの目的は「印つけ」ですが、これについてはまた次章でお話ししたいと思います。

トイレ環境のせいでもない、マーキング（スプレー）でもないとすると、他の原因を考える必要があります。

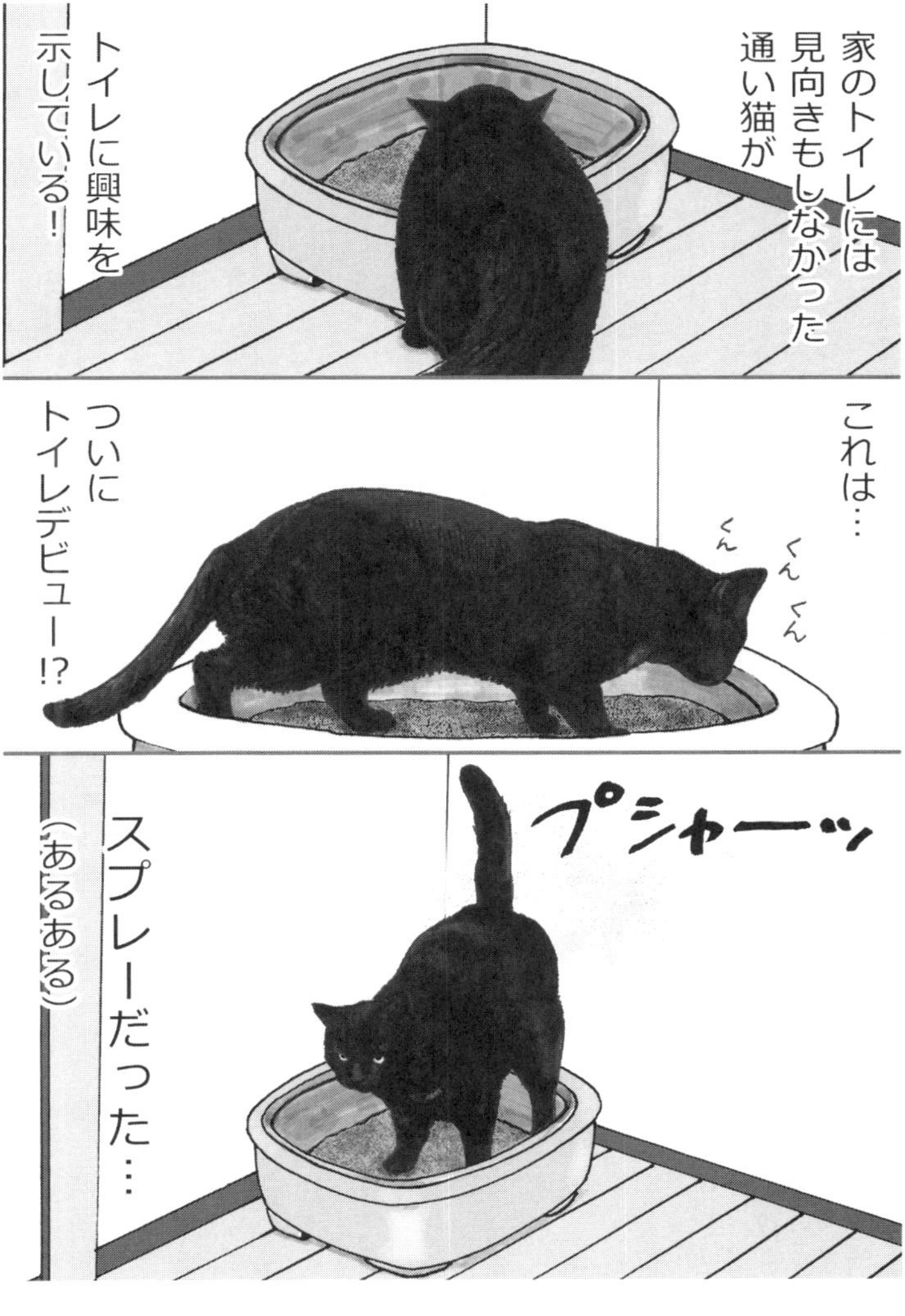
家のトイレには
見向きもしなかった
通い猫が
トイレに興味を
示している！
これは…
くん
くん
くん
くん
ついに
トイレデビュー
!?
プシャーッ
スプレーだった…
(あるある)

「遊んで欲しい」の願望がストレスに

飼い主さんのことが大好きな猫は、かまってほしくて、一生懸命です。

大好きな飼い主さんに遊んでもらえなかったり、あまり一緒にいられなかったりすると、ストレスになり、おしっこの問題として表れることがあります。

お仕事などが忙しくてあまりかまっていなかったら、愛猫さんが粗相をするようになった……これが思い当たる方は、一緒に遊ぶのが一番の解決方法です。

「ながら遊び」でも大丈夫です。ごはんを食べているとき、家事をしているとき、テレビを見ているとき、歯磨きをしているときなど、ちょっとした時間を利用して、5~10分だけでも遊んでみてください。

「飼い主がテレビを見るときがボクの遊びの時間♪」

と、猫も学習してその時間を楽しみにするようになります。

知人の愛猫さんは、飼い主さんがトイレに入るとさっとついていき、トイレのドアの前で待機するそうです。飼い主さんがドアを少し開けて、トイレットペーパーをちぎってひらひらと振ると、愛猫さんはドアの隙間から手を入れてトイレットペーパーを捉えようとぶんぶん手を振るのだとか。

別の愛猫さんは、飼い主さんが帰宅をするとすかさず台所の流しの縁に座ります。飼い主さんがコップに水を入れて差し出すと嬉しそうに水を飲むそうです。些細なことのようですが、これも愛猫さんにとっては飼い主さんとのコミュニケーションのひとつ。それぞれの飼い主さんと猫との関係に合った「お約束」ができるといいなと思います。

癖になってしまっていることも

トイレ以外の場所で用を足してしまう癖がついてしまっている、というケースも考えられます。一度トイレの環境問題から粗相をしてしまったことのある場所に、トイレを改善したあとでもまだにおいが残っていて、なんとなくそこへ行くと、においにつられて尿意を催してしまうこともあります。

おしっこのにおいはなかなかとれないものです。人にはもう臭わないと思っても、人より敏感で鋭い臭覚を持つ猫は、においを感じとってしまう可能性があります。高温のお湯を使って、たんぱく質を分解できるような洗剤でしっかり洗いましょう。においをとりきれない場合は、においのついたものを新しいものに変えるなどしたほうがいいかもしれませんね。

病気の可能性も考えて

トイレ環境を改善しました。掃除もしっかりしています。スプレーでもないみたい。遊びの時間もたっぷりとっています。それでも粗相が直らなければ病気の可能性が考えられます。膀胱炎や腎臓の病気などでお漏らしをしてしまう場合もありますので、動物病院で検査をしてもらうことをおすすめします。

諸問題を解決し、動物病院で検査をして内臓疾患など身体的な病気もないとわかったのに、それでも粗相してしまうようでしたら、これはもう、獣医さんの中でも行動科の専門医や動物行動認定医（獣医行動診療科認定医）に相談してください。それぞれの猫の体調や性格、住んでいる環境などにより、可能性は無数にあるので、ひとつひとつ検証して原因を探っていく必要があります。すべて改善したと思っていても専門医が見ると改善の余地がある場合もあるでしょうし、ストレスから引き起こされる脳内ホルモンの問題かもしれません。そうした場合には、投薬治療も必要になってくるでしょう。

知り合いの獣医師から猫のトイレの問題について相談されことがあります。その猫さんは、おしっこはきちんとトイレでするのに、うんちのときはトイレに一度は入るものの、排泄前に駆け出してしまって、走りながらうんちをしてしまったり、トイレのすぐ脇にうんちをしてしまうというのです。

お話を伺ううちに、もしや、うんちの姿勢やしっぽを少し上げてうんちをすることに関して何らかの疼痛があるのかな？　と思い至りました。その猫さんのトイレ行動について詳しく伺うと、なんとなく痛いのかな、と思ったのです。

そこで、トイレに入ってしっぽを上げなくてもいいように、床にペットシートを敷いて、トイレの縁をまたいで入らなくても排泄できる場所を設けることを提案。さらに神経痛の痛み止めを処方しました。

現在、その猫さんはペットシートだけのトイレで排泄をしており、トイレから走り出しながらうんちをしてしまうこともなくなりました。やはり少し痛みがあったのかな、ということがわかりました。

猫の微妙な行動から問題を解決するのが行動診療科専門の獣医師です。行動診療科では人の精神科や心療内科のようにじっくりお話を伺いながら、猫たちの気持ちを探っている専門科なのです。

大切な家族と楽しく、快適に暮らすためにできる工夫はいろいろあります。飼い主さんにも猫にもいい解決策が見つかるといいですね。

エッセイ①　小太郎との思い出

私がアメリカに住んでいたころに飼いはじめたキジトラの小太郎は、元野良猫でした。アメリカの農村地帯で自由に生活していた猫でしたが、生後1～2歳くらいのときに、トラクターにひかれて大怪我を負い、倒れていたところを、動物看護師の学生さんに助けられました。

病院で治療を受けた後、その動物看護師の学生さんが一緒に暮らそうとアパートに連れ帰ったらしいのですが、ルームメートの鳥を襲ってしまったらしく、一緒には暮らせなくなりました。その学生さんが新たに家族になってくれる人を探していたところ、縁あって私が引きとることになりました。

当初、クライドという名前で呼ばれていました。でも、日本人の家族として生きていく猫さんなんだから日本の名前を、ということで「小太郎」と命名しました。

うちに来たときの小太郎は、傷こそ癒えていましたが、右耳が少し潰れて、左前肢の先も事故のため少しなくなっていました。でも、まだ子猫のあどけなさを残すわんぱくな元気いっぱいの猫でした。

当初、小太郎は新しい環境にびくびくしていました。初日は血尿をしながら隠れていたほどで、かなりナイーブな、繊細な心を持つ子かと思っていました。でも、慣れていくうちにどんどん大胆になっていき、最初に出会ったときに抱いた印象とはずいぶん違う性格であることが、わかってきました。

一緒に暮らすようになって2年くらい経ったころでしょうか。アメリカで購入するお菓子を食べつづけたおかげで、体重が10キロ増えてしまった私。もうこれ以上はヤバイ！　とさすがに反省し、アメリカのお菓子は極力買わないように努力していました。

それでも、根っからのお菓子好きなので、スイーツを断つことがどうしてもできず……。簡単にクッキーを自分で焼いては常備して、小腹がすいたときに食べるのが日課になっていました。

ある日、いつものようにクッキーを作ろうと準備をし、バターとお砂糖をボウルで混ぜたところで電話が鳴りました。猫を飼っている身としては、やはりそのまま放置するわけにもいかず、ボウルを冷蔵庫に入れて電話の方に向かおうとしました。

途端、茶色の物体がバターの入ったボウルと一緒に冷蔵庫にびゅーんと飛んで入ってしまったのです。

ドアを閉める瞬間だったのですが、びっくりして冷蔵庫を慌てて開けたら、冷蔵庫の真ん中の棚のボウルの横に小太郎がしれっと入っていました。

小太郎は、バターのためなら冷蔵庫に飛び込む猫でした……。じーっと、私がクッキーを作る間、今か今かとバターを盗むチャンスを狙っていたんですね。今思い出しても笑えてしまいます。

その後、小太郎を日本に連れ帰り、青森、東京と転々としました。アメリカから日本に戻る際には、検疫などで手間がかかりましたが、大切な家族だから、もちろん一緒に太平洋を越えました。

アメリカで野良をしていたのに、地球を半周する旅する猫になろうとは、小太郎もさすがに想像だにしていなかったと思います。でも、ずっと一緒にいてくれて、本当にありがとう。小太郎との楽しい日々の思い出は、今も私の大切な宝物です。

小太郎は、推定13歳のときにリンパ腫という癌を患いました。一度は抗癌剤による治療（化学療法）で元気になったのですが、半年後に再発してしまい、平成24年7月20日に天国に旅立ちました。

小太郎は実は、私の膝の上で、私に抱っこされながら、安楽死という方法で天国に行きました。

小太郎は腸管にできてしまった癌のために食べられなくなり、せっかく食べ物を口にしても、吐いてばっかりいました。

上／小太郎にかじられたバター。
下／私の最初の猫家族・小太郎。

素晴らしかった毛並みも最後のほうはすっかりぱさぱさになり、痩せ衰えてしまい、ほとんど動かなくなっていました。もう数日、飲まず食わずの日々が続き、痛みもあったと思います。

当時、私は青森県に住んでいました。7月21日から、私は数日間、出張の予定が入っていました。それまでは出張の際は東京の実家に小太郎を預けて出かけていましたが、調子の悪い小太郎を3時間も新幹線に乗せて東京まで行くのは小太郎の体に大きな負担がかかると思いました。

青森県のアパートで友人にシッターをお願いして留守番させた場合、おそらく私は小太郎の死に目に会えないだろうと思いました。それに、友人に小太郎を看取ってもらうことになるとしたら、友達にお願いするには気持ち的に重すぎることだと、申し訳なく思っていました。何より、苦しむばかりになった小太郎を楽にさせてあげたかったのです。

小太郎を青森のアパートでひとりきりで逝かせるのは忍びなく、東京に連れて行くような負担もかけられず、猫のために仕事をキャンセルすることもできず……結局、私の腕の中で天国に行かせるべく、安楽死を獣医師の友人に依頼するという選択をしました。

安楽死なんてひどい、という考えもあるでしょう。私もいまだに後悔したり悩んだりしています。

でも、愛する動物家族の苦しみを最小限にする、あるいは動物家族に苦痛や無理なストレスを与えないための安楽死という選択もあるのではないかと思うのです。悩みながら、安楽死を選択している人もいることを知っていただけたらと思います。

「ひどい」「よくそんなことできるね」「ペットは生きていたいのに」といろいろおっしゃる方もいらっしゃいます。

でも、誰にもいえず、悩んで、苦しんで、愛する動物家族と向き合って、何度も考えて、ひっそりとその方法をとっている人がいるかもしれない。そのつらい選択をした人のことは、どうか、責めないでいただきたいのです。

安楽死という方法は、動物家族を心から愛する飼い主として選べる手法のひとつであり、それを他人が責めることができるものではありません。そうしたことも、知っていただければと思います。

第三章

猫さんは大好きな飼い主に甘えまくります

猫にだって社会性はある！

猫は群れを作らない動物、社会性がない、単独で生きる、というような説明をよく目にします。でも、実は猫も人や犬同様「社会性がある」動物です。

この章では猫が社会性を持ち、学習能力が高い動物でもあることを学びつつ、猫とのコミュニケーションの取り方を紹介していきたいと思います。

＊＊＊

猫（イエネコ）誕生の歴史

猫の社会性についてお話しする前に、まずは猫（イエネコ）誕生の歴史を改めて見てみましょう。

現在、私たち人と暮らす猫（学名はイエネコ Felis sylvestris catus）の祖先はどんな動物だったのでしょうか？　どこから来たのでしょうか？

２００７年に研究者のドリスコールらが『サイエンス』という科学誌において、イエネコの祖先は中東に生息するヤマネコの亜種、リビアヤマネコであろ

う と発表しました。もともとヤマネコは、他のネコ科動物に多く見られるように縄張りを一生守る傾向にあります。そのため、ヤマネコの遺伝子は地域ごとに異なります。ドリスコールらは各地域に住むヤマネコのＤＮＡをまず区別し、さらに私たち人と共に住む世界各国のイエネコのＤＮＡを集めました。

その結果、ネコは５つの系統に分けられました。ヨーロッパに住むヨーロッパヤマネコ、中国のハイイロヤマネコ、中央アジアのチュウオウアジアヤマネコ、南アフリカのミナミアフリカヤマネコ、中東のリビアヤマネコでした。

このリビアヤマネコと、米国、英国、日本などで集めた純血種、雑種のイエネコは類似するＤＮＡを持っていたのです。リビアヤマネコはイエネコと同じ系統に分類されることになり、イエネコのルーツは中東にあることが論文で報告されました。

ではいつから猫と人は一緒に暮らしはじめたのでしょうか？

以前は３６００年ほど前に古代エジプト人がネコを飼いはじめたといわれていたのですが、２００４年、地中海のキプロス島で見つかった９５００年ほど前のお墓から人と子猫の骨を見つけたとパリのフランス国立自然史博物館のジャン＝デヴィス・ヴィーニュが報告しました。

もともと地中海の島に猫は生息しておらず、人が持ち込んだと考えられています。この報告により、猫と人の関係は1万年くらい前からあったのではないかと考えられるようになりました。

イスラエルの辺りには1万年くらい前の食物貯蔵庫の遺跡があります。この貯蔵庫の遺跡からはネズミの骨も発掘されているようで、おそらく貯蔵している穀物をネズミから守るために人は猫と暮らしはじめたのではないでしょうか。

ちなみに日本では、2008年に長崎県壱岐島にある弥生時代中期のカラカミ遺跡から、人に飼われていたと考えられる猫の骨が見つかったそうです。これが日本最古のイエネコの足跡です。2100～2200年前のものとみられているそうです（※⑤）。大陸から、やはり穀物を守るために連れてこられたのではないかと考えられているそうです。

猫が社会性を持ったわけ

猫の祖先のヤマネコは縄張りを持っていました。縄張りの中には必要な資源はすべて含まれることになります。ごはん、寝床、そして安全性。

この縄張りに他者が入ろうとすると、縄張りを守るために喧嘩をします。喧

※⑤『犬と猫のサイエンス』日経サイエンス

嘩に負けてしまうと、縄張りの一部が奪われたり、縄張りごととられたりするので大変です。ヤマネコは必死に自分の縄張りを守ろうとしたはずです。

この安全ですべてがそろっている縄張りの中で生活し、子育てもするのがヤマネコだったわけですが、その中でも、人の穀物倉庫の周りで暮らしはじめたのがイエネコの祖先たちでした。穀物倉庫からはネズミがたくさん出てきますので、獲物が豊富です。

「ここは縄張りを守って喧嘩をしたり、危ない目を見るよりも、豊富な資源を仲良くみんなで分けたほうが得じゃないの？」と、与えられた環境で彼らは行動、生態を変化させていきました。

おそらく縄張りを誇示しているよりも、「人の側《そば》で暮らして、ネズミをたくさん捕まえられるほうがいいよね」と考え、家畜化する過程で学習したヤマネコたちが次第に社会性をも持つイエネコになったのでしょう。

現在のイエネコは社会性を持ち、意思疎通のためのコミュニケーションも行ないます。でも、ごはんとなる獲物（資源）が貧弱な状況になると、生き残るために単独で縄張りを守るような生活をすることがわかっています。環境や状況によって、行動を比較的簡単に変えられるのも家畜化された動物の特徴です。

下町のご近所づきあいも顔負けの猫的子育て術

猫は晩成性（altricial）の動物です。人も犬も晩成性の動物です。

晩成性とは、子供は未熟な状態で生まれ、母親が必死に養育しながら育てるタイプの動物のことです。

これに対して早成性（precocial）の動物としてはウマやウシなどが代表的です。生まれたときに子供は感覚器も運動器もかなり完成度の高い状態にあり、生まれ落ちるとすぐに目も見えて、立ち上がって歩けるような動物です。

晩生成の猫は未熟な状態で生まれ、母猫がお世話をしながら育てます。生まれ落ちたときは目も見えなくて、生後2週間は完全に母猫に頼っています。

子育てをしている母猫はそんな未熟な子猫の面倒を見なければならないのですが、食事をとる必要もあり、自らハンティングに出かけて行きます。

犬と違って猫は単独でハンティングに出かけ、獲物をとって食べます。子育てをしている母猫とて同じです。

母猫が出かけている間、未熟な子猫たちは置いてきぼりにされてしまいます。これは危険な状態です。子猫を危険にさらしたくない母猫がとった戦略は、母猫仲間で協力しあって、お互いの子供を預けあうことだったのです。

　母猫Aは食事のためにハンティングに出ている間、子猫たちを母猫Bに預けます。母猫Bは母猫Aの子猫も自分の子猫も同時に面倒を見ます。母猫Aが食事から戻ると、今度は母猫Bが食事に出かけ、その間、母猫Aは子猫たちの面倒を見る。こんな感じで協力体制を敷いて子育てをしています。

　近所の雌猫たちが同じくらいの月齢の子猫を育てているからとれる技。雌猫がこういう技を身につけた背景には、猫の夫婦事情があります。

　雌猫数匹で暮らしているグループでは、発情の季節になると雄数匹がやってきて、雌に交尾をしていきます。雌1匹に対して、雄が順番を待ちながら次々と交尾をしていく行動も観察されています。

　猫は「交尾排卵動物」です。人は時期が来ると排卵しますが、猫は、発情して交尾の刺激を受けて排卵する動物です。雄がグループにいる雌に次々とみんなで交尾をしていくわけですから、グループの雌たちが同時に妊娠するといった状況になるのです。だから、下町のご近所づきあいのような子育て術が編み出されたというわけです。

ちょいと
よりあいが
あるんだ
ケド
うちの子
みてて
いいわよ

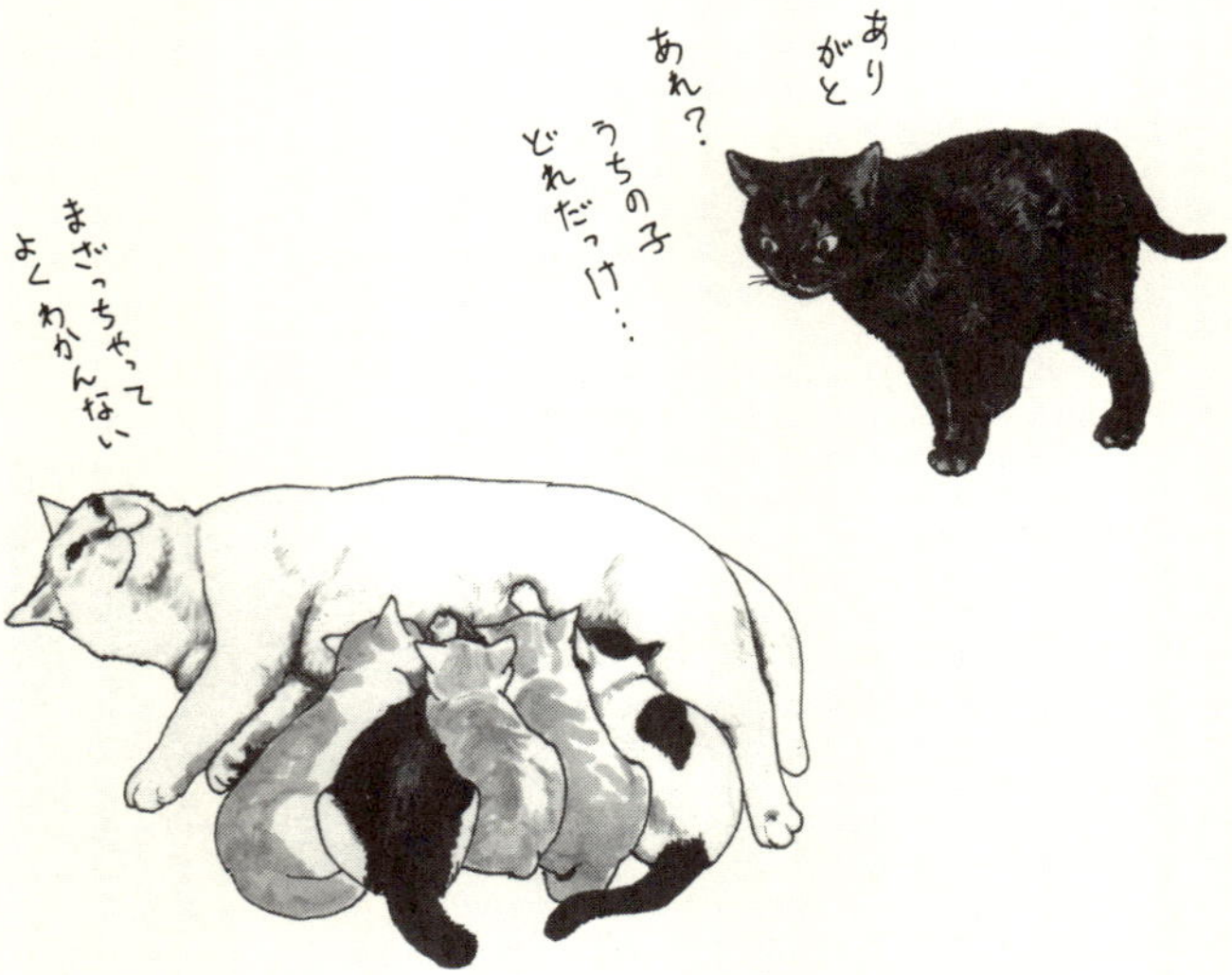
ありがと
あれ？
うちの子
どれだっけ…
まざっちゃって
よくわかんない

猫同士にだって相性はある

猫に社会性があるならみんな仲がいいはずなのに、どうも一緒にいられない、会えば喧嘩ばかりしてしまうような猫たちもいます。なぜでしょうか？

人と同じように、猫同士にも相性というものがあります。馬が合わない人、何が悪いというわけではないのに、なんとなく仲良くできない人っていますよね。猫同士だって同じです。だから、複数で同じ家の中で飼育する場合は、相性を考えて、猫に住みやすい環境を作って与える必要があるのです。

猫同士の相性がいいか悪いかは、猫同士がくっついて寝られるか否かでわかります。仲のいい猫同士は夏場でも体をくっつけて、あるいは非常にお互い近い場所で寝る行動を観察できると思います。

何匹も猫さんがいるお宅では、どの猫とどの猫がくっついて寝ているかを見てみましょう。それが仲良し猫さん同士です。距離を保ち続けている関係性であれば、同じ空間にいることは大丈夫だけれど、ある程度のパーソナルスペースは保っていたい程度の仲、ということなのです。

人もそういうことってありますよね。会社の社食や学校の学食に入ったとき

に、仲のいい、気の合う人が先に座っていれば、「ねー、隣空いてる？」といって隣に座って一緒に食べたいと思います。でも、別に仲がいいというわけでもない相手であれば、食堂で姿を見ても、なんとなく距離を開けて座るのではないでしょうか。猫の場合も、これと同じ感覚だと考えてください。

この猫同士の関係性を考えて、寝床の数、リラックスできるスペースの位置関係、ごはん用のお皿の置き方、トイレの場所や数を考えると、他の猫がいても適度な距離を保ちながらおうちでリラックスして幸せに過ごせると思います。どうしても一緒の空間にもいられないほど気の合わない猫同士もいます。それぞれの猫の性格、社会性、あるいは病気の関係もあります。猫同士が喧嘩してしまうことは心配だけど、それでもみんなで一緒に暮らしたいというお宅もあるでしょう。そういう希望があれば、原因を突きとめて、必要に応じて治療するという方法も使って対応できますので、獣医さんにご相談ください。

縄張りとコアエリア

猫の先祖のヤマネコは単独性の動物で、資源がある自分の縄張りを一生守って生活する動物でした。ヤマネコの一部が家畜化され、人と生活するようになってイエネコ（猫）になったわけですが、猫はヤマネコと違って、いわゆる縄張りは持たない、というお話はすでにしました。

縄張りはないのに、「猫の縄張り」といった言い方がされることがありますが、猫は動物行動学の中で定義する縄張りは持っていません。でも、人と同じようにコアエリアを持ち、ホームレンジ（生活圏）という場所もあります。

コアエリアとは、猫が生活するなかで、多くの時間を過ごしている場所です。生活圏に関してはなんとなく意味はわかるかと思います。

猫のコアエリアについて知っていると、猫のトイレをどこに置くかとか、同居猫同士の相性問題がある場合に観察しておくとか、猫と暮らすうえで考えなければならない際の検討材料になります。

ＴＮＲ（trap-neuter-release）といって、野良猫を捕獲して、不妊手術を施し、もとの場所に返す、という活動があります。ＴＮＲをすると、地域で野良猫が増えすぎてしまうことがなくなり、結果的に病気になったりいじめられたりする野良猫や、子猫が車にひかれたりして不幸な死を迎える猫の数が減る、という福祉的な活動です。

不妊手術をした猫をもとの場所に返す、という基本があるのは、猫の縄張り

ここはあたいの場所さ。
ここはぼくの部屋。

があるから、といわれています。それじゃあ縄張りはないという話と矛盾するじゃないかと思われそうですが、私が嘘をいっているわけではありません。

動物行動学的には「猫のもともとの生活圏から完全に他の場所に移すことで、他の猫グループの生活圏にいきなり入れられて、喧嘩などの問題が起きたり、ごはんのありかもわからなくなったりと、猫の福祉に影響があるから、もともといた生活圏に戻しましょう」という考えに基づいてもとの場所に猫を戻しているわけです。

でもこの説明だと長くてややこしく感じてしまいますよね。「猫には縄張りがあるからもとの縄張りに返しましょう」のほうがわかりやすいため、縄張りという言葉が使われているのです。

猫のコミュニケーションツールいろいろ

猫は社会的動物。猫は他の猫や人間と一緒に暮らすなかで、さまざまなコミュニケーションツールを駆使しています。挨拶をしたり、自分の情報や気持ちを相手に伝えたり。猫たちがどんなふうにコミュニケーションをとっているか、もう少し見ていきましょう。

＊＊＊

しっぽをぴんと立ててフレンドリー挨拶

私のうちには「海の進」という猫がいます。仕事からうちに帰ると、海ちゃんは玄関までしっぽを立てながら歩いて迎えに来ます。

このような猫のしっぽを立てる行動は、フレンドリーな挨拶の意味があると考えられています。猫同士が仲良しの場合、お互いしっぽを立てて挨拶を交わし、そのままお互いのしっぽを絡ませる行動をとります。一連の行動は、フレンドリーな気持ちのやりとりと考えられています。

この猫同士のフレンドリーな気持ちを表すしっぽを立てる行動を、人間家族のいる猫は人に向かっても行なっています。

猫同士のポジティブな意味のある挨拶として、他にも鼻先をお互いにくっつける「鼻ツン」と呼ばれる行動があります。指先を猫の鼻の頭のほうに近づけると、鼻を「ツン」とつけてくることがありますよね。あれは私たち人に対してフレンドリーな挨拶をしているのではないでしょうか。

猫のすりすり行動の秘密

我が家の海ちゃんは、しっぽを上げて私を出迎えた後、私の足や手にすりすりと体をこすりつけてきます。これもなんらかの挨拶行動と考えられます。

猫が体を人の足などにこすりつける行動を見て、「マーキング」行動と考えていたころもありましたが、マーキングとは、「印をつける」という意味です（後述）。動いて場所を変えてしまう人の足や手に印をつける意味がわからないため、このすりすり行動は、安心のために自分と相手のにおいの交換も行なうと同時に、猫なりの挨拶行動と考えたほうがいいようです。

猫は安心している場所にいると、壁や柱などに頬をすりすりすることもあります。これは頬の部分から出るフェロモンを壁などにくっつける行動です。

猫にしかわからないこのフェロモンをフェイシャルフェロモンと一般的にいいますが、このフェロモンを人工的に作った製品も売られています。製造会社はフランスにあります。

このフェロモンをどこかにくっつける行動を「マーキング」といって、コミュニケーション手段として使います。

「猫が愛しい」という思いが
高じて行なわれる人間の猫
に対する「すりすり行動」

フェイシャルフェロモンの場合、「ここは僕の安心な場所♡」という意味があるのではないかと考えられます。また他の猫にとっても「この場所はあの猫ちゃんの安心スポットだな」と伝わるのかもしれません。

フェロモンは鼻で嗅ぎとるにおいと違って、鋤鼻器《じょびき》という器官で感じる化学物質です。フェロモンは鋤鼻器で嗅ぎとられると、直接感情を動かす脳の部分に働きかけることがわかっています。人にはこのフェロモンがないので、フェロモンを嗅ぐとどんな感情になるのかわからないですが、フェイシャルフェロモンを感じると猫は「安心」をするのだと考えられています。

うちの海の進は私の手に頬や顎の辺りをすりすりしてきます。この行動は何を意味するのか。マーキングではないのだろうけれど、なんらかのコミュニケーションだろうと思います。海ちゃんが私に対してすりすりすることで、「安心」「愛しているよ」といってくれているなら嬉しいのですが。

スプレーはラブレター？

猫はフェロモンをおしっこに混ぜ、そのフェロモン入りおしっこを壁などに霧状に吹きかけるマーキング行動も行ないます。スプレー行動とも呼びます。

嬉しい類のすりすりと違って、おしっこをあちこちにひっかけることになるスプレー行動は、飼い主さんにとってはとても困った行動になります。

このスプレー行動は、「ラブレター」を書いている場合が多いようです（と私はわかりやすく考えています）。実はフェロモンにはそれぞれの猫の持つ特異的な情報が入っているようです。

例えば「私、３歳の雌、ただいま発情しています」とか「僕、２歳の雄、ただいま彼女を探しています」などといった情報です。

このラブレターがちょうど顔の高さくらいに吹きつけられているので、このフェロモンの存在を雄も雌もキャッチして、「あら、いい雄猫、タイプだわー♡」とそのにおいを追いかけたり、「かわいいみたいだけど、僕にはちょっと姉さん女房だなー」と思ったり、いろいろとコミュニケーションをとっているようです。

スプレー行動をされて困っているという方は、ラブレタースプレーを止めるために動物病院で避妊・去勢といった不妊手術をすすめられるかと思います。不妊手術に関して、いろいろなご意見があるようですが、今のところ不妊手術をすることによってなんらかの健康被害があることは報告されていません。

麻酔をかけてきちんと管理しながら行なう手術ですし、飼い猫さんですと本能に任せて自由に交尾できないのに、ホルモンだけは脳にどんどん働きかけてしまうため、猫さんにとってはストレスになります。だから、不妊手術は猫たちにとっては悪くない処置と考えていただいていいかと思います。

もし不妊手術をしてもスプレー行動を続けている場合は、腎臓や膀胱に問題がある可能性もあります。動物病院にご相談ください。

また、ストレスもこのスプレー行動を引き起こす場合があります。猫さんを取り巻く環境を考えて、ストレスのかかりにくい環境を与えてください。

具体的な解決策としては、トイレや寝床の環境を改善する、同居猫たちとの相性を見て、必要に応じて寝床やごはんを食べる場所を変える、充分に猫と遊んであげる、愛情をたっぷり注ぐ時間を設ける、などが考えられます。

それでも問題が改善されない場合、脳の機能障害がある可能性もあります。赤ちゃんのときの環境や遺伝的な問題、なんらかのストレスから人同様にちょっと精神的に疲れてしまっている可能性もあります。

脳の機能障害……なんて怖いことのように聞こえますが、実は私は動物の精神科医で心療内科医です。人と同じように、動物たちも脳のバランスを崩してしまう場合があって、それを専門的に治す獣医なのです。

猫さんはボディで感情を表現する

別に怒っているわけではないのに、品種特有の顔のつくりから怒っているような表情に見える猫っていますよね。逆に、顔周りの毛の模様からなんだか垂れ目で情けないような表情に見える猫や、目を輝かせて楽しそうにしているように見える猫もいます。これは別に猫がそういう表情を作っているのではなくて、そういうふうに見る人が解釈しているだけなのだと思います。

そうした顔のつくりの話とは別に、猫だってもちろん、嬉しそうな顔もするし、怒った顔もします。気持ちが表情となって出ることがあるわけです。

ただ、猫は顔だけでなく体のいろいろな部分を使って気持ちを表現します。

猫同士のコミュニケーションの方法として、しっぽを立てて近づき、体をすりよせあう行動があることや、フェロモンによってコミュニケーションをとることについてはすでにお話ししました。この他にも、猫は体の動きや形でコミュニケーションをとっています。猫の場合、耳の向きや体の見せ方などで、その猫が伝えたいと思っている内容は変わってきます。

ちなみに今の気分はどちらかというと**「ごきげん」**だそうです。

声も感情表現やコミュニケーションの手段のひとつです。甘えたような声も威嚇してうーっとかシャーとうなるのも感情を表現するための手段です。

人間の場合は主に顔と声で感情表現しますが、声帯が人間ほどは発達していない猫の場合、体のいろいろな部分を感情表現に利用しています。それがボディランゲージであり、猫は体全体を使って表情を作り出しているといえます。

猫のボディランゲージのなかでも、ぜひ知っておいていただきたいのが、「怖いです、やめてください」と訴えている表情、仕草です。耳を横に寝かせたり後ろに倒したりして、背中を丸めて後ずさりしながら、低い姿勢で「シャー！」といっているときは、要注意。かなり猫を追い詰めてしまっている状態です。

顔も含む体を使って猫が見せてくれるさまざまな表情を、あえて人間流に解釈して、おもしろいコメントなどをつけた画像をＳＮＳなどにアップする人もいます。発信する人も、見る人も、猫が実際にはそんなことを思ってはいないとわかっていても、おもしろくてぷぷっと吹き出して笑ってしまったり、微笑ましく眺めたりして楽しむことができます。それもまた、猫が私たちに与えてくれる癒しのひとつかもしれませんね。

ゴキゲンー
すりすり
かんがえ中
なに!?
俺たちはこうやってしっぽや耳でいろんなキモチをひょうげんするよ
よるんじゃねェ
ちなみに俺のしっぽは今「ゴキゲン」だよ

ゴロゴロは幸せのサイン？

猫がゴロゴロと喉を鳴らしていると、気持ち良さそうだな、幸せそうだな、満足なんだな、って思いますよね。

猫は声帯を触れあわせるように振動させて喉を鳴らす音を出すようです。人の場合、通常は声を出すときは声帯の間に呼気を通すことによって音を出しますが、猫は声帯部を含む咽頭を振動させることで音を出します。息を吸っているときも吐いているときもゴロゴロと喉を鳴らします。

猫のゴロゴロは、専門用語で「ソーシャル・ソリシテーション（social solicitation）」といいます。「社交上の、あるいは社会的な勧誘、懇願」を意味します。音を出すことによって相手の注意を引くための行動といわれています。

子猫たちは母猫にかまってほしいときに喉を鳴らします。人に対して喉を鳴らしているときは、かまってほしいときや、何かを要求しているときが多いでしょう。

飼い主さんと一緒にいてゴロゴロと喉を鳴らすのは、「ボクは幸せだよ、満ち足りているよ」と、飼い主さんに伝えたくて音を出しているのかもしれません。もしかしたら、ごはんやおやつのおねだりのために、喉を鳴らしているのかもしれません。いずれにしても、気持ちを伝えるということから、ゴロゴロもコミュニケーションツールといえそうです。

でも、喉を鳴らす猫はみんな「ご機嫌」で「甘えている」というわけではないようです。猫は体調が悪いときに、助けを求めるために喉を鳴らすこともあるからです。信頼している相手が側《そば》にいるときに、助けを求めて出す音によるサインの一種なのです。

闘病中の飼い猫が、最後の力を振り絞ってゴロゴロと喉を鳴らす様子を見たことがあるという人もいるかもしれません。それは、大好きなあなたに甘えたいという気持ちとともに、あなたを頼って、切実に助けてほしいと訴えている、ということなのでしょう。そんなときにできる最善のことは、一緒にいること、なのかもしれません。

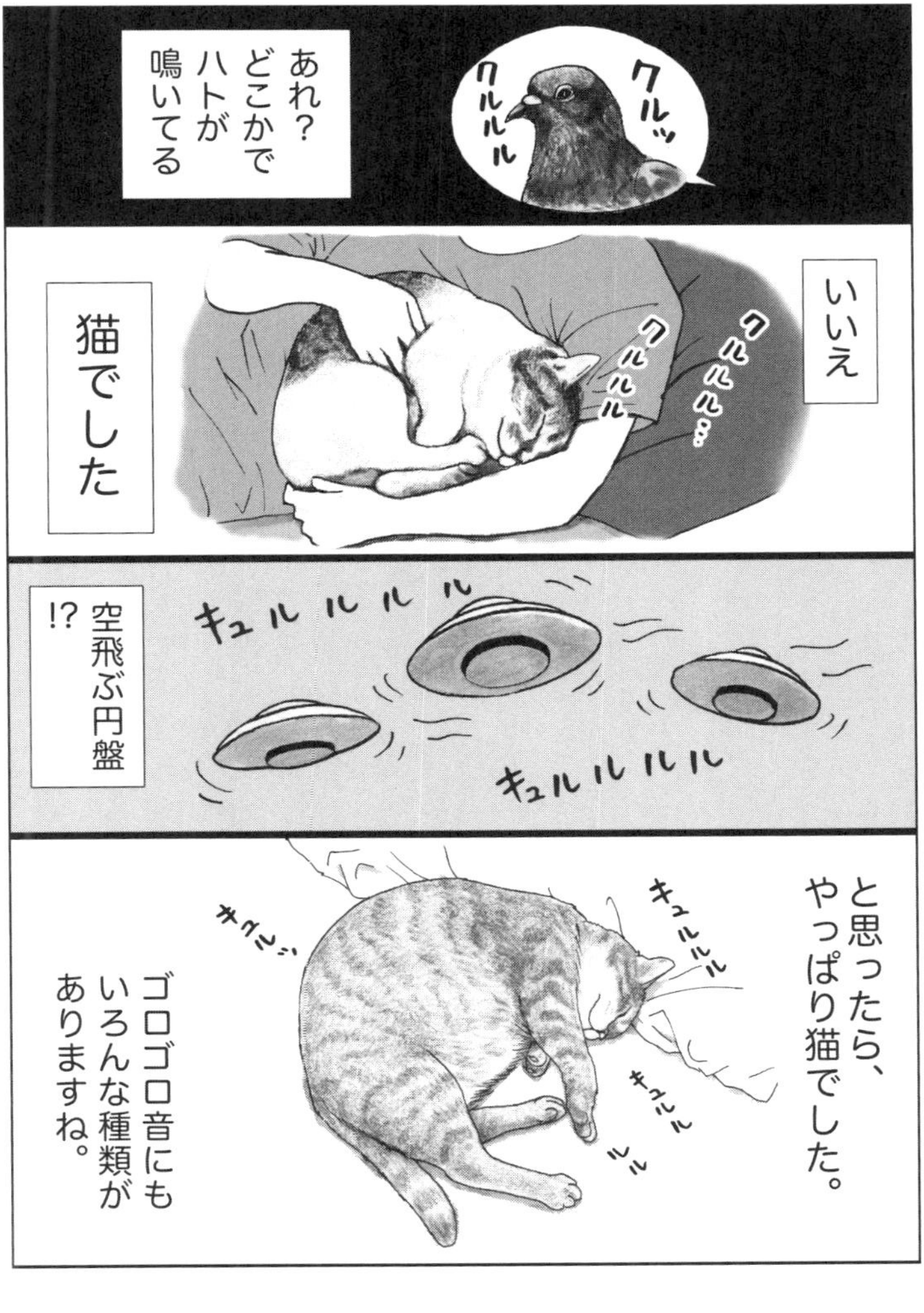
クルッ
クルルル
あれ？どこかでハトが鳴いてる
いいえ
クルルル…
クルルル
猫でした
キュルルルル
キュルルルル
空飛ぶ円盤!?
と思ったら、やっぱり猫でした。
キュルルル
キュルル
ルル
ゴロゴロ音にもいろんな種類がありますね。

第四章
猫だって ちゃんと学んでる

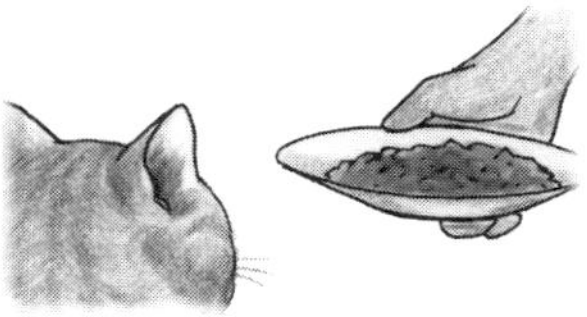

子猫も社会勉強しています！

「三つ子の魂百まで」のことわざは猫にもあてはまります。子猫のころの経験、母猫や人から教わったことは子猫の脳に大きな影響を与えるのです。

いわゆる「社会化期」といわれるものが猫にもあり、このころの経験や学習が将来を決めていきます。猫に関してはいつが社会化期がはっきりと記載できるほどの論文がないのですが、生後3週齢くらいから7～9週齢くらいに人に対する社会性が身につくとされています。

＊＊＊

犬と猫は仲良くなれる？

社会化からスタートして、いろいろな人と出会って、おやつをもらったり、体のいろいろなところを人に触ってもらったり、いろいろなところにお出かけしたりすることで、猫は人との暮らしについて学習します。そうして学習した子猫たちは、お出かけが苦にならず、お客様が来ても逃げず、歯磨きも楽にできるような猫に育ちます。些細なことでびくびくするような人生ならぬ猫生を送らなくても済むようになります。

よく「猫は犬が嫌い」と思われがちですが、社会化期に犬と仲良く暮らすことを覚えた猫ですと、少なくとも仲良くなったその特定の犬のことを怖がることはありません。猫によっては他の犬とも仲良くできる可能性もあります。

この本の担当編集者が担当している、「わさびちゃんち」は、北海道で猫の保護活動をしているそうです。愛犬ぽんずちゃん（雌のゴールデンレトリーバー）は、飼い主さんである「父さん」「母さん」が保護する子猫たちの保育士さんとして活躍しているのだとか。以下、担当編集者から伺ったわさびちゃんちの犬猫異種コミュニケーションについてご紹介したいと思います。

＊

ぽんちゃんは、初代保護猫のわさびちゃんと出会うまでは猫との接点はなかったそうです。でも、わさびちゃんがやってきてからは、遊び相手になったり、ごはんのときにお手伝いをしたり、かいがいしく面倒をみてくれたといいます。わさびちゃんが体調を崩すと、すぐに母さんを呼びに行くといった、責任感のある行動も見られたそうです。

子猫のわさびちゃんと犬のぽんちゃん。

その後も、父さんと母さんが子猫たちを保護してくるたびに、ぽんちゃんと子猫たちが寄り添って寝たり、一緒に遊んだりする仲睦まじい様子が話題を呼び、いつしか「ぽんちゃん保育園」と呼ばれるようになりました。

子猫たちが犬の母性を引き出した

犬と猫という、種の異なる動物同士がこんなにも仲良くなれる。ＳＮＳや書籍でぽんちゃんと子猫たちとの触れ合いを見て、ほんわかした気持ちと同時に、驚きを感じた人もいたようです。

動物行動学の世界では、犬が猫などの小動物に対して保護者のような行動をとるのには、複数の要因があると考えられています。

まず、犬によっては、子供を産んでいなくても母性を発揮することがあります。未避妊の雌の場合、偽妊娠といって、子供を産んでいないのに母乳を出して育てようとするのです。ぬいぐるみにお乳を与えようとする犬もいます。

ぽんちゃんはよく、子猫を鼻でつつくような仕草をするそうです。これは、よちよち歩いて離れてしまう子供を、鼻でつついて自分のところに転がし戻す母犬の習性による行動です。また、吐き戻しを舐めさせるという犬流の離乳の仕方まで、子猫たちに教えているようです。

ぽんちゃんは子猫が成長する過程で、コミュニケーションの学習もさせているみたいです。子猫たちがぽんちゃんにじゃれたり、噛みついたりするのを自由にさせつつ、あまり行動がエスカレートする場合はダメという仕草でやめさせます。異種動物ですが、柔軟性のある子猫たちは、ぽんちゃんの伝えたいことを敏感に感じとって、学習しているようです。

また、動物には幼くて弱いものを守ろうとする「コンカベーション(concavation)」と呼ばれる本能もあります。くりくりっとした大きな目の愛らしい赤ちゃん動物を前にすると、雄でも保護本能が働くことがあります。

みんながぽんちゃんのようにうまくいくわけではなく、個々の動物の性格もさまざまな行動に関係してきます。犬の場合、小さな動物に対して吠えてしまったり、一緒に遊んでいるつもりでも興奮してハンターのスイッチが入って捕食行動が出てしまったりします。

猫に対しても、犬側が慣れていなければ、吠えてしまうこともあるそう。でも、父さんと母さんの態度やぽんちゃん自身の温厚な性格から、ぽんちゃんにとって子猫たちは、いつくしみ、守るべき対象になったといえそうです。

もうひとつ、ぽんちゃんと子猫たちのケースでは、母さんがとった作戦が功を奏したようです。母さんは、子猫のわさびちゃんと犬のぽんちゃんをいきなり対面させず、徐々にお互いの存在を意識させ、慣れさせていきました。

最初のうちは、わさびちゃんの姿が見えないように別の部屋に隔離。でも、犬のぽんちゃんは「あの部屋に何かいる！」と気になって仕方なかったはず。その「何か」は母さんや自分に害をなす危険な生き物ではなさそうだとがわかってきたところで、ようやく対面させました。

「触っちゃダメだよ」という母さんの注意をちゃんと守って、ぽんちゃんは母さんに褒められ、「この小さな生き物と仲良くすると、母さんも喜んでくれる！」と思ってくれたのではないでしょうか。これも、このかわいい異種コミュニケーションを成功させた大きな要因のひとつでしょう。

柔軟性のある子猫たち

生後2～3週間で保護されたわさびちゃんはちょうど社会化期。人や他の動物に慣れることを覚える心が柔軟な時期です。だから、まだ目もはっきりと見えていなかったわさびちゃんがぽんちゃんを恐れなかったことは、自然なことだったといえそうです。

わさびちゃんとの出会いから、子猫と暮らすことの楽しさを知ったぽんちゃん。わさびちゃんが亡くなった後、わさびちゃんロスで沈んでいたぽんちゃんでしたが、その後、一味ちゃんという新たな子猫がやってきたときには大喜びだったそうです。

さまざまな条件が整って可能になる異種コミュニケーション。特にわさびちゃんちは、異種コミュニケーションのいいところを存分に生かして上手に保護活動や、里親探しのための飼い猫修行に役立てることができているのではないでしょうか。

ただかわいいだけじゃない、プラスαのあるわさびちゃんちの異種コミュニケーションには、見習うべきことが多いですね。

人との関係も同様で、生後2~7週齢くらいのときに人と仲良くなった子猫は、比較的人馴れした猫に成長します。だからこそ、子猫のうちにいろんな人と接触させるのも良いかと思います。ただ、もちろん例外もあるでしょう。特定の人しか好きじゃない、という猫もいるでしょう。それは人間同士だって同じですよね。

お母さんと一緒にいることの大切さ

離乳期までお母さん猫に育てられた子猫のほうが精神的に安定します。子猫の離乳期は4～7週齢くらいまでです。母猫は離乳という仕事を通して子猫に猫同士の関係やコミュニケーションの方法などいろいろなことを教えていきます。生まれてすぐ、幼いうちに猫社会から離されてしまうと、おとなの猫になってから猫同士でうまくコミュニケーションがとれないようです。

でも、母猫が子猫を置いて帰らなくなってしまったとか、捨てられていた子猫を拾ったとか、どうしても子猫を人の手で育てなければならないこともあるかもしれません。

そういう場合は、子猫の社会化期に関して充分気をつけて、せめて人との関係がいい状態になるように育てていきましょう。市販されている子猫用のミルクなどでも充分な栄養素はカバーできていますから、育てることはできます。おやつを使いながらゆっくり、人はやさしいんだよということを教えるのです。絶対に子猫を叱ったり、子猫に怖い思いをさせたりしないように気をつけましょう。

猫だってトレーニングできる

犬は賢いけど猫にはトレーニングなんてできないと思われがちですが、そんなことは決してありません。猫だって犬と同じように学習能力があります。とても頭が良く、ちゃんとトレーニングをすればいろんなことができます。トレーニングをして猫にさまざまなトリック（芸）を教える人もたくさんいます。

実際の猫の障害物競走のトレーニングは、動画投稿サイトで「cat」「agility」などと検索していただくと、いろんな動画を見ることができます。

アジリティー（agility）は直訳すると「敏捷性」「俊敏性」「機敏」「軽快」といった意味があります。本来、猫は瞬発力が高く、優れた運動能力を持つ動物です。それを大いに生かすのが「cat agility」です。

子供が保護猫に、障害物競走を仕込むアメリカ発の有名な動画があります。教えているのが子供、パフォーマンスを披露しているのが成猫という組み合わせがおもしろいです。子供でもチャレンジできるトレーニングだし、成猫でも覚えることができるトレーニングということです。

この動画の中で、猫に障害物を越えたり、潜ったりすることを教えるのに使用しているのが、犬のトレーニングなどでも使われる「クリッカー」です。

クリッカーはカチッという音の出る小さな道具で、音とおやつという報酬を関連づけることでトレーニングに活用します。猫の自発的な行動を待って音を鳴らし、その行動を強化することを繰り返します。

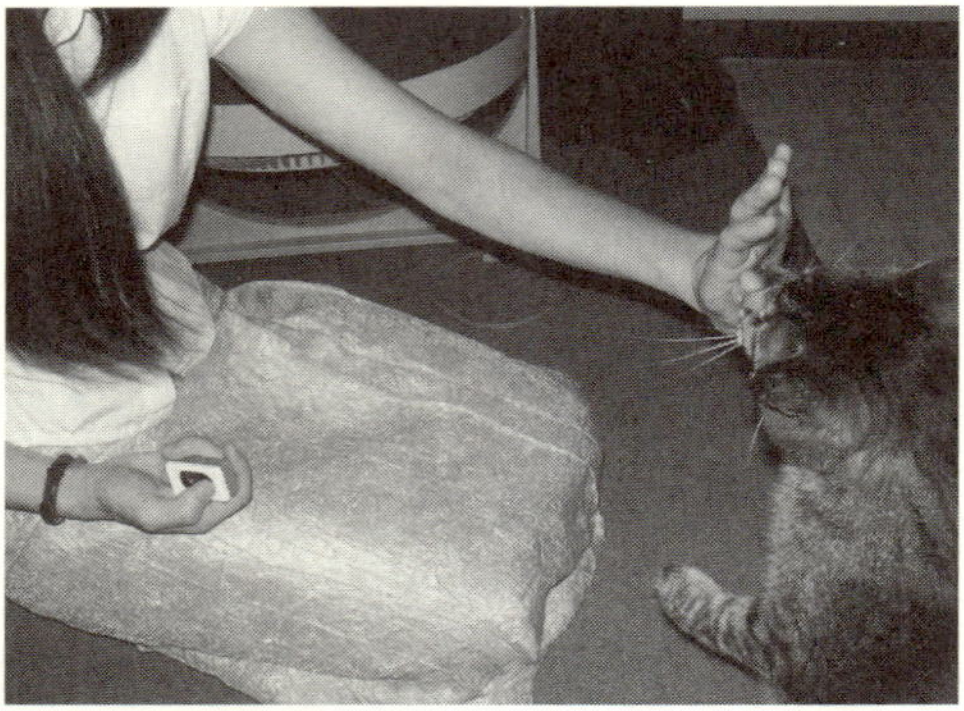

上／ハイタッチをする海ちゃん
下／クリッカー

おやつを使った学習方法

でも、猫はクリッカーがないと学習できないわけではありません。高度な技を教えるときには猫にわかりやすい一定の音がするクリッカーを使うのが便利ですが、おやつだけを使いながら教えていくこともできます。

基本的な方法はクリッカー使用時と同じで、何かの合図によって行動を指示して、それが成功したら褒めてもらえる、おやつがもらえる、やさしくしてもらえるということを学習させます。

例えば「ここに飛び乗って」といって椅子をとんとんと指の先で示して、猫が椅子に飛び乗ってくれたら、ご褒美におやつを与えます。

猫が大好きな紙袋を使うこともできます。底を切りとってトンネル状にした紙袋を用意し、潜った先におやつを置き、おもちゃなどで誘導して潜らせます。潜るとおやつがあると覚えてくれるまで、繰り返します。これがうまくできるようになったら、同様に、ジャンプしてフラフープを潜らせたり、細い台の上を歩かせたりといった練習をさせます。

猫のトレーニングをうまく行なうには、猫がおなかをすかせているときが狙い目。これから「ごはんの時間だ♪」と猫が期待をしているときが効果的です。おなかがすいているから猫も頑張ります。食後だとおなかいっぱいだし、横になって一休みしたい気持ちのほうが勝っているかもしれません。

私が現在飼っている海の進、通称海ちゃんはもともと食いしん坊ですが、ごはん前は特に頭の中がごはんのことでいっぱいです。そんなときに大好物のカリカリフードを持って「おいで」の練習をしました。今や「おいで」というと、ルンルンと私のほうに走ってきます。

また、先代の猫、小太郎はハイタッチが得意だったので、推定13歳の海ちゃんにもハイタッチを教えました。クリッカーで教えましたが、今もおなかがすいているときは非常にキレのあるハイタッチを披露してくれます。

猫は人との関わりが大好きだし、学ぶことも大好き。大好きな人からごはんをもらうのはもっと好き。だから、「おいしい＋楽しい」要素のある遊びの感覚で、喜んでトレーニングに参加してくれます。

障害物競走に出すわけでもなく、「曲芸」を仕込もうというわけでもありません。でも、「cat agility」を利用すれば、愛猫さんは飼い主さんとのコミュニケーションを楽しんでくれますし、運動にもなります。室内飼育ですとどうしても運動不足になりがちですが、「cat agility」を取り入れることによって、日常的に愛猫さんを運動に誘うことができ、肥満や病気の予防にもなります。

心理学用語で「コントラフリーローディング効果」という言葉があります。「ただめしより自分で稼いで食べるほうがおいしい」と思う感覚です。

自分で何か捕まえたいという欲求

毎日毎日、上げ膳据え膳で、あなたは何もしなくていい、ただ座って目の前に出されるものを食べていなさい、といわれたら、飽きてしまいますよね。自分で頑張って働いて得たお金でおいしいものを食べたり、好きなことをしたり、楽しいことをしたり、大切な人に贈り物をしたり…努力をした分だけ満足度が上がるものなのです。

猫も同じです。猫はもともとハンティングをして獲物を得る動物ですから、毎日飼い主さんがフードをお皿に入れて出してくれても、本能的には自分で何か捕まえたいという欲求があります。

動物園の動物も同じで、囲われていて、毎日何もしないでも餌が目の前に置かれる。そんな状態ばかりではストレスが溜まってしまうそうです。だから、動物園の飼育員さんは、例えば餌を隠したり、わざと木の上にのせたりして動物たちに餌探しの仕事させ、ストレスを感じないよう工夫をしています。

「cat agility」では、獲物を得たときと似たような達成感を得ることができます。そうした意味で、猫は精神的な充足感も得られます。

曲芸を教えるようなイメージを抱く方もいらっしゃるかもしれませんが、これは、飼い主さんと猫が一緒になって楽しむスポーツです。ご興味のある方は、チャレンジしてみてくださいね。

＊

★「キャット・アジリティー」6つのメリット★

①飼い主さんとのコミュニケーションを深め、信頼関係が増す。

②飼い主さんとの遊びの時間を猫が楽しみに待つようになる。

③運動不足になりがちな室内飼育でも、一定量の運動をさせることができる。

④猫のストレス解消になる。

⑤猫が本来持つ俊敏性を生かし、ハンティングへの好奇心、達成感を満たすことができる。

⑥猫の年齢は関係なし。高齢猫でも足腰が丈夫なら学習可能。

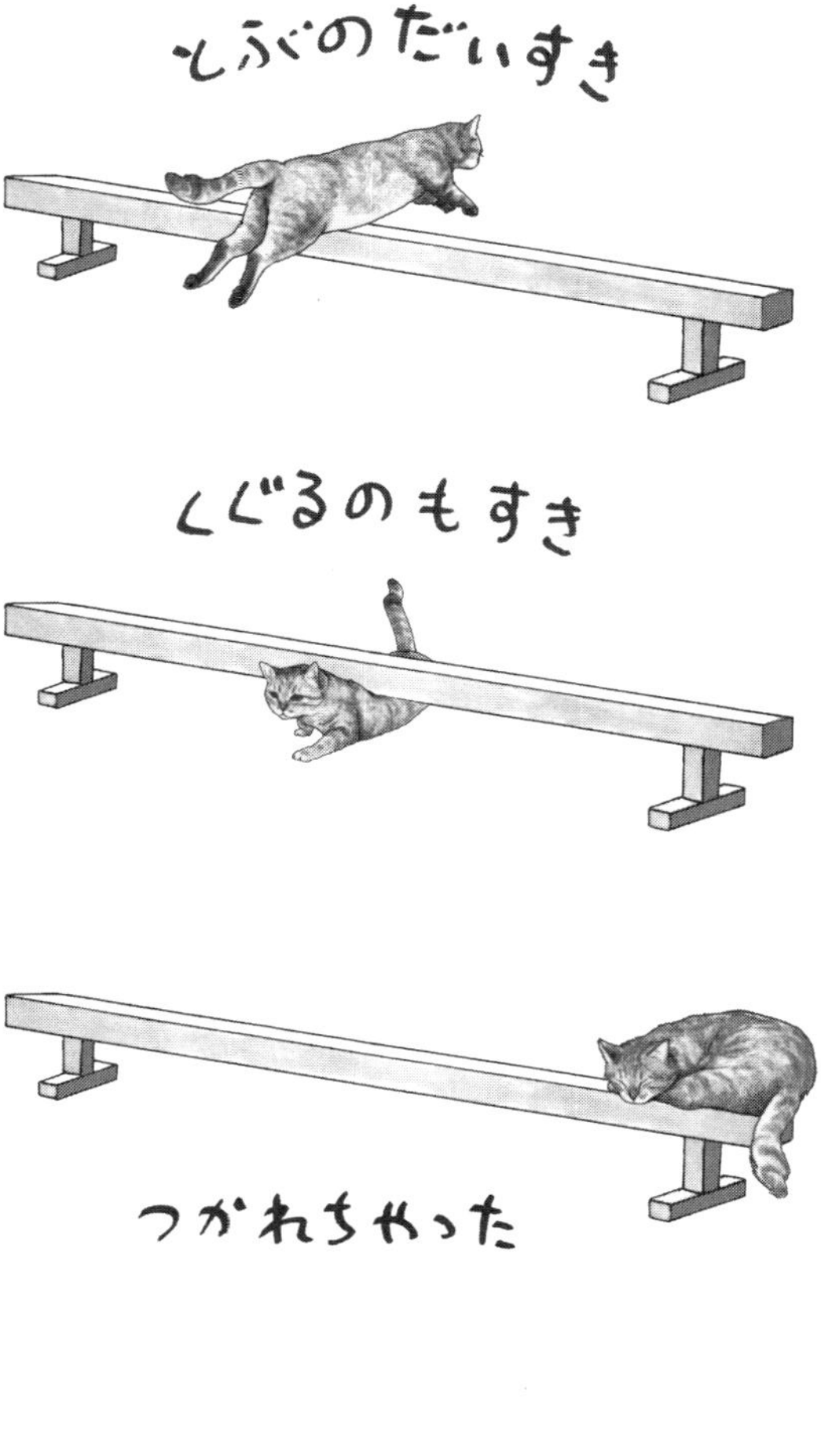
とぶのだいすき
くぐるのもすき
つかれちゃった

叱ることに意味はない

当たり前すぎて気づかないこともあるかもしれませんが、猫と暮らしていると、猫の学習能力はいろんなところで発揮されています。

例えば、おなかがすいているとか、遊んでほしいのに、飼い主さんが寝ているとき。どうやったら飼い主さんが起きてくれるか、猫はよーくわかっています。毎日、飼い主さんをじっくりと観察し、あの手この手を試して実験を繰り返しているのです。そして、ようやく「これなら確実だ！」という方法を選んで飼い主さんを起こしにかかります。

耳をかじる、瞼をひっかく、胸の上を走り抜ける……あるある、と思い当たる方も多いのではないでしょうか。寝ているどころではなくなるほどの愛猫さんの「攻撃」に音を上げて、起きてしまいますよね。

私の愛猫・海ちゃんは、私が朝起きないで寝ていると、わざと胸の上を歩いて、ついでに手を3回くらいガジガジと軽く嚙みついていきます。私はけっこう鈍感で、海ちゃんに何をされても気づかないことが多いのですが、そうなると夫の眼鏡のレンズに嚙みついたり、枕元にある腕時計をくわえては落とし、音を立てて起こそうとしたりしているようです。勘弁してほしいです。

こんなふうに、猫はいろいろ試した結果、どんなことをしたら一番効果的な方法で寝ている飼い主さんを起こすことに成功するか考えているわけです。これもやはり、猫に学習能力があるからできることです。

一緒に暮らすうえで、愛猫さんにどうしても直してもらいたい習慣があれば、猫の学習能力を応用しない手はありません。

人が読んでいる新聞や作業をしているパソコンの上、あるいは膝の上に陣どったり、食卓の上にのって騒いだり、高いところにのって降ろしてと鳴いたりといったようなことは、たいていは猫が人の気を引きたくてやっていることです。これまでにもその猫さんなりにいろんな方法で飼い主さんの気を引こうと試行錯誤してきたはずです。いろんな方法を試してみて、一番効果的に気を引ける方法を見つけた結果、新聞にのったり、パソコンにのったり騒いだりするのがいいと判断したのだと思います。

それが困るのであれば、反応しないのが一番です。気を引くためにやっているのだから、ここで反応しちゃったら、こちらの負け。猫は「してやったり！」と喜んで、ますます邪魔をしてきます。反応しないでいれば、そのうち「この方法じゃダメなんだ」と学習してくれます。

やってほしくないことを猫がしたとして、叱っても意味がありません。それは犬のトレーニングでも同じです。

例えば、仮にあなたが猫だとします。今、あなたは日当たりのいいお気に入りの窓辺にいて、そこにあった気持ちよさそうな布の上に座って外の電線に留まっているスズメを見ているとします。そこへいきなり飼い主さんがきて、血相を変えて、わーわーと何か大声でわめき散らしながらあなたの頭を叩いたり、どけというように体をどついたり、あなたが座っている台をバンバン叩いたりしたら、どう思いますか？

「え⁉ 何⁇ 怖い‼」

としか思いませんよね。飼い主さんの言葉は猫にはわかりませんから、「※×○？！！※△‼」……猫にとっては意味不明な、でも何やら怖そうな叫び声にしか聞こえません。

実は飼い主さんはあなたが座っている場所にたまたま置いてあった洗いたてのタオルの上にあなたがのっていることがダメだといっているのですが、大声で叱られたって、そんなこと猫であるあなたには伝わりません。飼い主さんとしては、あなたに伝わるように、そのタオルとあなたとを交互に見ながら叱っているのですが、あなたはただただびっくりするし、怖いと思うだけです。イヤだなと感じたあなたはその場から去るでしょう。でも飼い主さんからは何のコメントもなし。そういうことが繰り返されると、なんだかわからないけど怒られるから、窓辺にいるのがバレたら逃げよう、と思うようになるかもしれません。

猫や犬がしてはいけないことをしたら、0・5秒以内に「痛い！」と思うほど強く叩かないと、何がいけないのか伝わりません。「もうやりません！」と猫や犬が肉体的にも精神的にも痛みを感じるほど強く叩かないとわかりません。それも、毎回その行動をした0・5秒以内に、とても強く叩かないと伝わらないのです。

でも、そんなことって、無理ですよね。大切な家族の犬や猫にそんなふうにつらく当たるなんてできませんし、目にしたその瞬間、0・5秒以内に、しかもどの行動がいけないかわかるように毎回同じ状況下で叩く、なんてとても無理です。だから、叱るという方法は無理があるのです。だったら、猫や犬の学習能力を上手に利用して正しい行動を覚えてもらうほうがずっといいのです。

こうならないよう、おやつを使って学習させるタイミングなどに気をつけましょう。

「負の罰」と「正の強化」

具体的にどんな方法があるかというと、「オペラント条件づけ」の学習による「負の罰」と「正の強化」という方法があります。オペラント条件づけとは、報酬や刺激に反応して、自発的に特定の行動をするよう学習させることです。

タオルの上にのるのがダメなのであれば、洗濯したてのタオルは床や台など猫がのってしまうような場所に置かないようにします。その存在を猫の前からなくしてしまうのです。でも、猫は座り心地のいいそのタオルがお気に入りだったのかもしれません。だから、そのタオルはダメだけど、これならいいよ、と猫用の座布団をその場所に置いておくとか、代替物を用意するといいかと思います。そして、猫がそこにいたら、いい子だね、といって頭をなでます。

2週間くらいすると「この座布団だと怒られないぞ」と猫はわかってきます。場合によってはご褒美（褒めてもらったり、おやつがもらえたり）があることに気づきます。そうなると、タオルと座布団の両方が置いてあっても、猫は座布団を選ぶようになるでしょう。そのほうがいいことがあることを、猫は学習してわかっているから。

いたずらにしても同じで、いたずらをしてほしくないものがあればそれは見せないようにして、代替物を渡して褒めることによって、猫は次第に代替物のほうが好きになっていきます。これは、「負の罰」と「正の強化」の組み合わせによるトレーニングで、とても有効です。

「罰」は「行動をやめさせる」こと、「強化」は「行動を続けさせること」を意味します。「負」は、「何かを引くこと」、つまりとりあげて目の前からなくすことです。逆に、「正」は「何かを与えること」をいいます。

先程お話しした、睡眠妨害など猫が気を引きたくてする行動に対して、反応しないというのは、大好きな飼い主さんをとりあげてしまう「負の罰」です。実際にその場にはいますが、反応しないことで、とりあげてなくなってしまったのと同じ効果があります。だから、猫はその行動をしなくなるのです。

「正の罰」は、「何かを加えてやめさせる」ことですので、叩くしつけは、痛みを加えてやめさせる「正の罰」ということになります。でもそれは、猫にとってはストレスでしかありません。猫が粗相をしてしまったからといって、「正の罰」で叱っても意味はありません。粗相をしてしまってだいぶたってから発見して叱っても、猫にとっては「何のことやら?」です。

むしろ猫は、「おしっこの跡がある」＋「人間がきた」＝「やばい！　逃げる！」となるだけです。他の猫のおしっこであっても、逃げるようになります。反省しているから逃げるのではなく、怒られるから逃げるのです。それに、粗相が改善するわけでもありません。「叱っているのに全然改善しない」と思っている人は、それはうまく教えることができていないから。まずは叱ることをやめることから始めてみましょう。叩くのは論外です。

悲しいことに犬の場合は往々にして「正の罰」、つまり痛みや不快感を与える厳しいトレーニングがなされがちですが、幸か不幸か猫の場合は「どうせわからない」と勘違いされているため、トレーニングをしないで放置している場合が多いのが現状です。でも、繰り返しになりますが、猫にもちゃんと学習能力がありますから、犬と同じようにしつけることができます。

猫と楽しく、気持ちよく暮らすためにも、猫にも人にもストレスでしかない「正の罰」ではなく、猫の学習能力を信じて「負の罰」と「正の強化」の組み合わせで上手に誘導してくださいね。

先住猫と新入り猫、どうすれば仲良くなれる?

猫を飼いはじめてしばらくすると「1匹だけじゃ寂しいんじゃないか」「友達や兄弟がいたら猫同士で遊ぶかな」と考えて、2匹目を飼いたいと思うようになる人も多いかと思います。

その一方で、最初の子が新入りさんに嫉妬しないかとか、相性が悪かったらどうしようとかいった不安もあるでしょう。そんなときも、猫の持つ学習能力が助けてくれるかもしれません。

ポイントは、少しずつ距離を縮めること。新しい家族を迎えた場合、いきなり先住猫さんと新入りさんを対面させるのではなく、最初はできれば違う部屋や布などで覆ったケージに新入りさんを入れて様子を見ます。

先住さんは姿が見えなくても、「なんかいる」と気づいています。「なんかいる」状態に慣れてきたころ、ちょっと離れたところでその存在を見せます。そして、双方におやつを与えながらなでたりして、「あの子は怖くないよ」と思わせることが重要です。

猫の学習能力を応用する際、よくおやつを使います。おやつなどのおいしい食べ物は、もらうと嬉しいという以外にも、安心させる効果があります。人間でも、飲食物を口にすると心がなんとなく落ちつくってこと、ありませんか。初めてのデートは喫茶店だったり、「まあまあ、まずはお茶でも」なんてお客さんにお茶とお菓子をすすめたり。

これは、飲食物が自律神経の中の迷走神経を刺激するためと考えられています。消化管は心が安らぐことで開きます。食べることで安心スイッチがオンになる脳の仕組みがあるのです。

猫もおやつを食べることで、安心スイッチがオンになります。先住猫と新入り猫がお互いを認識しているなかで、おやつなどを与えて気持ちいい体験をさせてやることで、怖くないし、むしろ相手がいることでいいことがある、と思わせるのです。

それからまた距離を縮めて、ケージ越しにお互い挨拶（鼻ツンなど）ができるようになったら、ようやく同じ空間で自由に過ごさせます。

こんなふうに徐々に距離を縮めていけば、一緒に暮らせるようになるかと思います（相性や性格、心身の病気などから例外もあります）。

猫の学習能力を活用して、相手の猫がいても大丈夫、いやむしろおやつさえもらえる、と覚えてもらうことで、関係がスムーズに構築できるのです。

猫のペースにあわせてゆっくりと

猫は人間が抱くような複雑な嫉妬心は抱きませんから、先住猫が新入りを嫉妬心からいじめる、ということはありません。

もし先住猫が新入り猫をいじめたとしたら、それは単なる猫同士の力関係や性格、相性の問題であり、飼い主さんを巡る嫉妬心によるものではないということです。逆に先住猫が怯えてしまったとしても、それも猫同士の問題です。相性や力関係のことは猫同士にしかわかりませんが、猫が寂しいという思いをしないように飼い主さんにできることは、先住猫も新入り猫も、たっぷりかわいがって、どちらともたくさん一緒に遊ぶことです。それぞれ1対1で遊ぶのがポイントです。愛情をいっぱい注いで、安心させてあげてください。

猫同士のことばかりではありません。猫対人間の関係も気になるところ。保健所やボランティア団体などから猫を譲り受けたい、野良猫を保護して家族として迎え入れたい、だけどなついてくれるか心配、という人もいるでしょう。そんなときにもやはり、猫の学習能力を応用するといいかと思います。

最初のうちは驚かせないように気を配り、抱っこしたりなでたりといったことを無理強いしないようにします。なでるときも体じゅうではなく、頭から首までの辺りをちょこっとなでる程度に留めておきましょう。

人馴れしている猫はおなかや腰辺りをなでても喜びますが、あまり馴染みのない人に触られると「失礼な！」と思ってイライラしてしっぽをパタパタと振ったり、逃げてしまったりします。猫同士でも体は舐め合わないため、体を触られて不快に思うのかもしれません。でも、比較的猫が許せるところが、頭から首にかけてです。猫は自分では舐められない頭の上や顎の下などをなでられると、気持ちいいと感じるようです。仲良し猫同士もよく、お互いの頭などを舐め合っています。

緊張がほぐれてきたらおやつを与えたり、おもちゃで遊んだりしましょう。「この人と一緒にいても大丈夫、むしろ楽しい、おいしいものがもらえる！」と思ってもらうようにするのです。

野良出身であっても、普通に生まれ育った猫であれば、もともと人と共に暮らす「家畜」ですから、人間には馴れやすい素質を持っています。それぞれの猫さんのペースで、様子を見ながら仲良し作戦を進めてみてくださいね。

コラム　教えて！　入交先生

「にゃんこサライ」読者からの質問

Q うちの子は甘噛みが強すぎるようで、ゴロゴロいっているのに急に強く噛んできて怪我をしてしまうことがあります。治せるでしょうか。

A かまってほしくて甘噛みをしている可能性が高いです。噛まれても叱らずに、すっと手を引いて無視しているのが一番です。他のおもちゃに関心が向くように工夫しましょう。例えば、足を噛んでくるなら、紐をつけたスリッパをはいて紐に関心が向くようにするなどしてみてください。

また、甲状腺機能亢進症などの病気で噛みついている場合もあります。特に高齢の猫さんの場合は、「甘噛み」で処理せず、獣医さんにご相談ください。

Q 猫同士が喧嘩！　飼い主は仲裁に入っていいの？

A ケースバイケースだとは思いますが、第三者（飼い主さん）が直接的に仲裁に入ると、転嫁行動で攻撃の矛先が飼い主さんに向いてしまい、飼い主さんご自身が大怪我を負ってしまう場合があります。喧嘩している2匹に厚手の毛布をかけるなどすると、びっくりして喧嘩が止まると思います。そのままその毛布に1匹をくるんで別部屋に隔離してもいいかと思います。

遊んでいる場合もあるので、その場合は、仲裁に入る必要もないかもしれません。どこまで本気の喧嘩なのか、仲裁の必要があるのか、観察してください。遊びであれば大怪我はしないと思いますが、心配なら動画を録って動物病院に持って行って獣医さんに見せて相談してみてください。

Q 初めて猫を飼います。安全なおもちゃやキャットタワーなどの選び方を教えてください。

A 間違って食べて飲み込んでしまいそうな小さなおもちゃや紐は、飼い主さんが見ているときだけ出して遊ばせるようにして、不在のときは片付けておいてください。飲み込んでしまって腸閉塞などになると、大変です。猫によって、紐状のものを食べてしまう癖のある猫、ビニールを食べてしまう癖のある猫など、それぞれ「気になる」が異なります。愛猫さんがどんなことに興味があって、食べてしまう癖がありそうか、観察してみてください。不在時におもちゃを置いておこうという場合は、飲み込まないものや、椅子や柱などにしっかりとくくりつけてとれないようにしたものにしてください。

また、キャットタワーは、不安定で崩れたり、ネコと一緒に倒れてこないような頑丈なものを選んでください。猫の体重なども考えた安全なものがいいでしょう。

Q ちゃんと爪研ぎのための商品を用意してあるのに、猫が壁で爪研ぎをして困っています。どうしたらやめさせられるでしょうか。

A 猫が爪を研ぐのは3つの理由があります。

①爪の管理をするためです。自分の爪の管理なので、爪研ぎの素材や置き方に好みと個性が表れます。段ボールの切り口を並べたもの、段ボールのつるつるの面、ロープをまいたもの、カーペット、畳など、素材の好みがそれぞ

れの猫によって異なります。さらに、爪の研ぎ方にも個性があります。垂直面に研ぎたい猫もいれば、水平面で研ぎたい猫もいます。猫の好きな素材、猫の好む置き方を観察して、爪研ぎを用意してあげましょう。

②マーキング行動として爪研ぎをします。おそらく爪研ぎをして傷をつけることで、視覚的なメッセージを送っているのだと思います。私の先代猫の小太郎は、私が出かけてしまう玄関のドアと、お風呂に入ってしまうお風呂場のドアの横の柱で爪研ぎをしていました。木製の柱はほかの場所にもあるのに、私を見送るドアの横で爪研ぎをしていたので、私に何らかのメッセージを送る意味合いもあったのだと思います。柱をひっかかないように、柱の表面に好きな段ボール素材を張り、そこで爪を研いでもらうようにしました。

③葛藤行動、ストレス行動としての爪研ぎ。私の飼い猫の海の進はイライラしたりストレスを感じるとカーペットをばりばりとひっかきます。今はその行動はなくなりましたが、海の進がうちに来てすぐのころ、近づいたり触ったりなでたりすると、我が家のカーペットが被害に遭う状態でした。

爪研ぎ行動でお困りの際は、まず猫さんを観察して素材の好み、方向の好み、ひっかく場所を観察してみることから始めてみてください。

Q 猫はよく押入れで寝ていたり、明らかに体に対して小さすぎる箱に入って寝ていたりしますが、狭いところが好きなのはなぜでしょうか。

A さまざまな理由が考えられますが、目的としては、自分の身を守るために狭いところに隠れていれば安心できるからだと思います。

普段はそれほど押入れに入っていなくても、来客時や、体調が悪いときには押入れに隠れてうずくまっているという猫もいます。ずっと隠れたままになっていたら、もしかしたらどこか痛いのかもしれません。様子がおかしいようでしたら病院に連れて行ってくださいね。

ここは
切っちゃって
ね。
首入れ
ちゃうと
キケンが
あぶないから

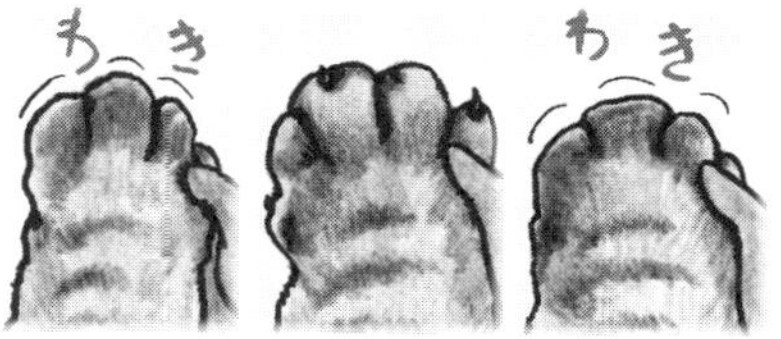

第五章

大切な家族だから
気を配りたい
猫さんの
ストレス・認知症

愛猫さんにより気持ちよく過ごしてもらう

ここまでで、猫の1日の過ごし方から、猫にとって生きるうえで重要な最低限のことや、猫が社会的動物でコミュニケーションをとることができ、学習能力も高いということを学びました。

この章では、そうした猫の「基本のき」にプラスして、猫にとってより快適で楽しく、安全な暮らしを提供するにはどんなことができるのかということを考えてみたいと思います。

＊＊＊

飼い主さんのこと、どう思ってるの？

自分と一緒に暮らしていて幸せかな？　自分のこと、どう思ってるんだろう？　ふとした瞬間に、愛猫さんがどんな気持ちで自分と一緒にいてくれるのか、知りたくなることってありますよね。

部屋の中で一番高いところに登ってこちらを見下ろしていたり、広げた新聞

や パソコン、畳んだ洗濯物の上にふんぞり返っていたりします。何を考えているのでしょう。

飼い主さんが違う部屋に移動したらさりげなくついてきて、いつも近くにいたいみたいです。べったりとくっついていたい猫もいれば、視界に飼い主さんが入っていればそれで安心、という猫もいます。

大好きな飼い主さんの姿が見えなくなってしまうと、不安になって、鳴いて呼んだりすることもありますよね。小さな子供が、お母さんがいつもなんとなく視界に入っていないと落ちつかない、なんとなく側にいる気配を感じていたい、というのと同じかもしれません。

猫の生活をより豊かにする環境

猫は基本的に、柔らかい場所で寝ることが好きです。猫が休める場所を家の中のあちこちに用意しておくといいでしょう。ご存じのように、猫は窓辺で外を眺めながらうつらうつらしていることが多いですね。窓の外を見られる環境が好きなので、窓辺などに猫用のベッドを置くと気に入って使ってくれると思います。

猫は不安な気持ちになると高いところに登って、まずは様子を見ることがあります。そのためにもキャットタワーなど床より高い位置にリラックスできる場所を作っていただくといいのではないでしょうか。可能であれば、キャットウォークを設置するなど、床に下りることなく猫が移動できるような環境を作るのもいいかと思います。

来客時に隠れるような猫もいます。なかには、玄関のチャイムが鳴っただけで大慌てで押し入れに逃げこんでしまう猫もいるようです。知人の愛猫さんは、長年お世話になっているペットシッターさんにさえも一度も姿を見せたことがなく、「幻の猫」なんて呼ばれているそうです。

不安感が強いと、猫は隠れてしまうことがあるのです。だから、ちゃんと隠れられるような場所も準備をしておくといいでしょう。

特に大きな地震が発生したときなどの災害時、猫は隠れます。愛猫さんがいつも隠れている場所が災害時でも崩れたりすることがないか、日頃から気に留めておきましょう。あとで一緒に避難する際にすぐに探せるように、隠れ場所の確保、確認は重要なことかと思います。

異状ねえな
うん
高いところが大好き

もんだいないです
ねえな

飼い主さんへの「かまって」行動、どうすれば?

人が読んでいる新聞や作業をしているパソコンの上、あるいは膝の上に猫が陣どるのは、ひとえに飼い主さんの気を引きたいからです。

学習能力の項でもお話ししましたが、猫が新聞にのったり、パソコンのキーボードにのったりするのは、その猫の観察の賜物です。これまでにもその猫なりにいろんな方法で飼い主さんの気を引こうと試行錯誤してきたはずです。いろんな方法を試してみて、一番効果的に気を引ける方法を見つけた結果、新聞にのったり、パソコンにのったりして邪魔をするのがいいと判断したのだと思います。

先にもお伝えしたように、飼い主さんにとって困る行動をやめさせるには無視が一番です。

でも、やはりかまってやりたい、だけど時間がない、というときについやってしまいがちなのが、おやつを与えること。邪魔をしてくる猫に「はいはい、わかったから」といって何度もごはんやおやつを与えて誤魔化そうとすると、肥満児になってしまうのでご注意を。

どうせ食べ物で誤魔化すのなら、転がすと穴からおやつがぽろぽろと出てくるような「知育トイ」と呼ばれるおもちゃを使わせるといいかもしれません。

空のペットボトルの側面に2~3か所、ドライのおやつが出るくらいの小さな穴を開けておき、蓋をして床に転がしておけばOK。猫はにおいでその中におやつがあるとわかりますので、鼻先や手でペットボトルに触れます。するとペットボトルが転がって、中からころんとおやつが出てきます。転がして楽しいうえに、おやつが出てくるなんて！　猫は喜んで運動してくれますよ。ちょっとずつしか食べられないので、ダイエットにもなります。これがあれば自分で楽しく遊んでくれるので、邪魔をしてこなくなります。しばらくの間は。

大好きな飼い主さんには密着したい

猫によっては人の膝の上が大好きな子もいます。

猫は膝の上に居座ることで、相手を征服した気分になっている、と説明する人もいます。猫好きさんたちはよく、自分のことを「猫の下僕」と呼んだりして猫にご奉仕している感覚を楽しみます。だから、猫が膝にのったら、それは人を征服した気分になっているんだと解釈することで楽しんでいる人も多いようです。

人と猫との関係は、人間の親子に似ていると私は考えています。人間の子供が自分の親を征服しようなどと思わないように、猫も飼い主さんのことを征服しようなどとはおそらく思っていないでしょう。

猫同士でくっついている様子を「猫団子」なんて呼んだりしますが、猫はそうやって、好きな者同士でくっついていると安心できて、居心地がいいようです。だから、大好きな飼い主さんに密着していたいのかもしれません。

猫は、飼い主さんがそこにいるだけで嬉しく感じています。膝の上にいけば大好きな飼い主さんのより近くにいられるし、なでてもらえるかもしれません。体温や密着感、柔らかい感触も好きで、飼い主さんの膝の上にのりたくなってしまうのでしょう。

いつも側にいたい、見ていたい、気を引きたい、密着していたい……猫は飼い主さんのことが大好きで、いろんな行動をとっていることがわかります。

本当は威張っているわけじゃなくて、飼い主さんと一緒にいたいんですよね。

猫はどこまで人語を理解しているか

愛猫さんが飼い主さんのことを大好きな証拠はたくさんあることがおわかりいただけたかと思います。猫はいろんな方法で飼い主さんに自分の気持ちを伝えています。何がいいたいのか、何を求めているか、愛猫さんの様子を見ていてわかるようになってくるかと思います。でも、逆はどうでしょうか。愛猫さんは飼い主さんの言葉、人語をどこまで理解しているのでしょうか。

答えからいうと、猫が人の言葉を理解しているかどうかは、非常に微妙です。

この本の担当編集者は、いつも自分の愛猫さんのかつもとくんについて、「かつもとは私の言葉を理解している！ 天才かも」と主張します。

確かに、飼い主さんの声によく反応する猫はいます。「ごはん？」と聞けば「にゃーー！」と答えたり、「行ってきます！」と挨拶すれば、心なしか寂しそうな表情を浮かべているようなときもあります。

ただ、厳密に人間の言葉を理解しているかというと、明言はできません。

犬の場合、飼い主さんの声のトーンや呼び方、単語をある程度聞き分けていて、例えば「サンポ」と飼い主さんがいえば、「ああ、お散歩の時間だ！」とわかるようです。母音と子音などの音も聞き分けて学習し、人の発する音に対して反応をしていることもわかっています。

猫に関しても程度の差こそあれ、おそらく人の声のトーンや単語の響きから聞き分けをしている可能性があります。決まった音を聞いた直後に必ず毎回同じことが起こるのであれば（例えば、「ゴハン」という音の後、必ずごはんがもらえる）、音を認識して、学習を行なっているのだと思います。

人間の発する音に反応する猫

自分の飼い猫ではなく他人の飼い猫や、外に暮らす猫たちはどうでしょうか。野良猫さんを見かけると、猫好きさんはつい声をかけたくなります。いつも誰かにごはんをもらっている猫は警戒なく近づいてくるかもしれません。

そうでない猫の場合、一瞬「ぎくっ」といった感じで警戒して固まって、声という「音」のする方向を確認するかのように見ます。そして、「知らない人だ！」と思ったら逃げてしまうかもしれません。「聞きなれない音（声）」を耳にして警戒↓確認↓判断（逃げるか残るか近づくかなど）という流れです。

これは、猫が人の言葉を理解しているというより、人の発した声である「音」

に反応しているということになりますね。

これは憶測の域を出ませんが、誰の声であるかとか、声のトーンや呼び方、場所、その時々の状況などによって、あるいはそのすべての要素がそろってはじめて、人が話していることを「判断」している可能性はあります。

そこにはある程度の学習はありますが、もしかしたら「あてずっぽう」の部分もあるのかもしれません。「あ、この声はお父さんで、きっとごはんの時間だよっていってるんだな」とかいった具合です。

呼ばれた愛猫さんが嬉しそうに飼い主さんのところにいくと、飼い主さんは「おお、自分の言葉が通じた、すごい！ 嬉しい！」と思うでしょうし、猫もごはんがもらえてウィンウィンです。

人間とコミュニケーションを続けているうちに猫は学習をして「人の言葉がわかっている」かのような行動をするようになります。おじさん編集者さんの飼い猫のかつもとくんが「天才」である可能性はもちろん否定できませんが、一般論としては、おじさん編集者さんとのコミュニケーションを通して「判断」「学習」をした結果の行動といえるのではないかと思います。

ニンゲンって

おかしな
もうそう
するよね
ねー

人間も暑かったら猫だって暑い

寒がりの猫ですが、実は夏の暑さもきついようです。換毛期といって、初夏になると冬用のふわふわの毛から夏用の少なめの毛に変わることで、猫なりに暑さ対策をしています（秋から冬にかけては冬毛になる換毛期があります）。

でも、人間と一緒に暮らしている以上、人間に与えられた環境の中でしか生きられないため、気温の管理は飼い主さん次第ということになってしまいます。

基本的に猫は野生動物ではなく、人間と暮らす動物ですから、人間が暮らせる気温でほぼ問題ありません。一般的には、気温が30度くらいになると、人間同様、猫も「暑いな」と思いはじめるようです。

人間なら水分をとったり、部屋のクーラーを入れたりすることができますが、猫は自分で空調を操作することはできません。飼い主さんが「暑い！」と思うようなときには、愛猫さんの管理もしっかりしないといけないですね。人間の寒い暑いは、猫の適温を考えるうえである程度の基準になるかと思います。

犬は舌を出してはぁはぁと呼吸するパンティングという行為で体温調整をしますが、猫は通常、肉球から汗を蒸発させて体温調整します。

だから、猫がパンティングをすることはあまりありません。猫が犬のようにパンティングをしていたら、それは肉球での体温調整では間に合わないくらい暑いと感じている＝ちょっとヤバいということです。

猫のパンティングを見たら、まずは涼しい場所に避難させてください。それで治まらない、ストレスからか食欲もない、水も飲まないといった状態でしたら、動物病院に連れて行ったほうがいいでしょう。

人間の子供と同じように扱って

でも、「パンティングをしたら暑いんだな」では遅いのです。そこまで待つのではなく、事前回避することが大事です。

猫は寒い冬には家の中で一番暖かい場所を知っているし、暑い夏には家の中で一番涼しい場所を探してそこでじっとしていたりします。玄関の冷たい床の上にいたり、普段あまり日がささない廊下の隅の方にいたり。暑くなってくると、与えた氷を舐める猫もいますね。

暑くても寒くても、猫が逃げられない状況を作ってしまうのは危険です。

例えば、動物病院などに車で連れて行って、途中でちょっと買い物を、なんていって猫を車の中に閉じ込めておいたり、仕事などで長時間家を留守にする際、家の中が密閉された状態で、なおかつ猫をケージに入れておくなどする場合も、体温調整ができなくなり、熱中症になってしまう可能性があります。

エアコンや扇風機の風が直接当たるような場所に置いたケージに閉じ込めるなど、寒くても逃げ場がないという状態ですと、当然ながら風邪をひいてしまいます。直接風が当たるのを避け、かつ、逃げ場を設けてやってください。夏でも、猫がいつでも体温調整ができるように小さなブランケットを置いておくなどするといいかもしれません。

暑い日に外出する際には、脱走、防犯対策をしたうえで、空調管理をしてください。家の構造にもよりますが、窓の外に木があって木陰ができるような家でしたら少し窓を開けておくとか（もちろん、泥棒に入られないような窓や環境という前提です）、直射日光が入って室温がかなり高くなるような部屋でしたらカーテンを閉じて28度など高めに設定したクーラーを弱風でつけておくとか、エアコンのタイマーを活用するとかいった方法もあるでしょう。何より、猫が自分の意志で場所選びができるようにしてやることが大事です。

よくある誤飲、場合によっては命とりにも

わさびちゃんちのあわびくんのケース

前述のわさびちゃんちについて、担当編集者から教えていただいたこんな話があります。

わさびちゃんちには現在、飼い猫さんと里親募集中の保護猫さんが合わせて20匹ほどいるそうです。保護主である「母さん」の目下の悩みは、そのうちの1匹、3歳半のあわびくんが「なんでも食べちゃう」ことなんだとか。

あわびくんは、とにかく目についたものはなんでも口に入れないと気が済まないみたいです。おもちゃはもちろん、猫砂、物をまとめたり固定したりする結束バンド、ありとあらゆるビニール袋、発泡スチロール製の緩衝材、布の切れ端など、これまで食べてきたものは実に多岐にわたります。

母さんは、あわびくんに食べられないよう、とにかく気をつけて、おもちゃなどはすべて戸棚などに隠すようにしているそうです。それでも、ちょっとで

もうっかりしようものなら、あわびくんの「なんでも食べちゃう」が発動。特にビニール製のものには目がないようです。

「これまでに何度、あわびが変なものを食べてしまって、動物病院に駆け込んだことか。病院に行くたびに検査したりして、一番嫌な思いをしているのはあわび自身なのに、何度やっても懲りないんです。幸い今まで、腸閉塞や中毒症になったことはありませんが、なんとかこの癖を治したいです」（母さん）

噛んだり、かじったり……どうしたらいいの？

かかりつけの動物病院の先生に相談したところ、おなかがすいているのでは、と指摘されたそうです。でも、ごはんもおやつも充分与えていますし、食事の直後でも、気になるものがあればあわびくんはなんでも口に入れてしまいます。まずは食べさせないように環境を整備することが重要です。母さんもその辺りは努力してくださっているようですが、更に用心を重ねて、引き出しはベビーロックなどを取りつけて開かないようにしてはどうでしょうか。

ベビーロックは、人間の子供が戸棚や引き出しなどを開けて危険なものを手にとってしまわないようにするための道具です。そういった道具で愛猫さんが入れる場所を管理するといいかと思います。

わさびちゃんちのあわびくん。

でも、それでも防ぎきれない場合もあります。システムトイレの底に敷いてあるトイレシートの端がほんの少しだけ飛び出していたのを、あわびくんは見逃しませんでした。母さんが気づいたときには、あわびくんはトイレシートの端を噛んで、引き出して、一部はちぎって食べてしまったようです。トイレに関しては隠すわけにもいきませんから、やはり細心の注意を払うしかないのかもしれません。

それぞれのおうちの環境や、それぞれの猫さんの性格など、背景は十猫十色です。家族構成や住環境などをすべて把握し、個別の診断が必要になってくるので、一概にこうだと断定することはできません。でも、やはり環境の整備と細心の注意はしておくに越したことはありません。ただ、あまりに異食がひどく、平穏な日常生活が送れないほどであれば、行動診療科の獣医に改めてご相談されるといいかもしれません。人でいう「強迫性障害」の可能性もあります。

長女の一味ちゃんも子猫時代にはコンセントのコードなどをかじってしまうという、家電はもちろん、一味ちゃん自身にも危険な悪癖がありました。でも、コードを保護するチューブをつけたところかじらなくなり、その後はチューブがなくてもコードに関心を示すことがなくなったそうです。

わさびちゃんちの卒園猫さんの中にも、やはり異物を食べてしまう癖のある子がいました。一味ちゃんの兄弟猫のてっちゃんは、クッションをかじっては、中の綿を食べてしまう癖があったそうです。そこで飼い主さんは、家じゅうのクッションを洗濯ネットに入れたところ、クッションをかじることがなくなり、今では洗濯ネットがなくても、かじり癖はなくなったそうです。

かじらせないようにするには、かじる対象になるものを目の前からなくしたり（隠す、「負の罰」）、保護具を取りつけたりして対策をとってください。対象になるものに猫が嫌いな柑橘系のにおいのスプレーを吹きかけるのもひとつの手です。

愛猫さんが何かをかじっているのを目撃したら、すかさずそれを片づけますが、どうしても隠せないようなものであれば、スプレーをシュッと一吹き。何度か繰り返すうちに、愛猫さんはそれをかじると嫌な味がすることを学習してやめてくれる可能性があります。飼い主さんが見ていないところでしてしまう猫さんもいるかもしれませんので、毎回毎回、そんなことはできないかもしれませんが、「犯行現場」を目撃したらやってみる価値はあるかもしれません。

ストレスから発症する常同障害の可能性もあり

猫さんの場合、好奇心や遊び感覚でかじっているのかもしれません。幼いときにはいろいろなことをして遊び、学んでいきますが、成猫になったら子猫時代の悪癖もいつの間にかなくなった、という猫さんもいるでしょう。でも、癖になってしまって、成長してからもやめない、という猫さんもいます。

中には常同障害という病気から紐などを食べてしまう猫さんもいます。ストレス障害のひとつで、葛藤やストレスが溜まっていたりすると、そのストレスを解消するために特定の行動を繰り返すことがやめられなくなる病気です。

自分の毛をむしってしまう子もいれば、タオルや毛布などに執拗に吸いつく（ウールサック）といった行動がエスカレートした状態です。自分のしっぽを追いつづけ、挙句に食いちぎってしまう、といった事例もあります。

愛猫さんが常同障害であれば、それは脳の機能の病気ですので、薬剤療法が必要になってきます。また、普段の生活にストレスが多く、このような行動をしている可能性もありますので、トイレの大きさ、寝床、一緒に住む他の猫たちとの関係、充分な遊びがあるかなど、細かく確認していただいて、愛猫さん

コイツめ
コイツめ

ホントはスキ

にとって幸せな環境を提供することで落ちつく場合もあります。愛猫さんが心の病を抱えている可能性があるなら、行動学の専門医に相談してみましょう。

猫に服を着せてもいいの？

最近は、おしゃれな服を着た猫さんの写真がSNSなどにアップされ、多くの人の目に触れることが増えています。そうした猫さんたちを見た人たちの中には、「かわいい！」という方もいれば、「猫に服を着せるのは不自然なことだ」と批判する方もいらっしゃるかもしれません。

猫さんが服を着ている場合、いろいろなケースが考えられます。

例えば、手術をした後で、まだ縫合の傷が残っている猫さん。皮膚病を患っている猫さんや、舐めすぎてハゲてしまっているのを治そうしている過程の猫さんも、服を着ている場合があります。

スフィンクスなど毛が非常に少ない品種の猫を日本で飼う場合、服を着せないと寒くて風邪をひいてしまうこともあります。そうした事情で服を着せる場合、動きやすいよう体にフィットして、着心地がいいものがいいですね。

「うちの子は首輪も嫌がるの」という飼い主さんもいるかもしれません。服はもちろん、首輪もイヤという猫さんでも、皮膚病になったり、首のまわりが真菌で痒くなったりしたら、舐めたりかいたりしないように服や首輪をつけなければならないときもあります。かく暇を与えないように遊ばせるのもコツですが、四六時中、一緒に遊ぶこともできませんよね。

そういう場合は、大好きなおやつを与え、食べている間にそっと首輪をつけてみるといいでしょう。そして、嫌がる前に外します。これを何度か繰り返していくうちに、次第に首輪に慣れてつけてくれるようになります。

初めのうちは飼い主さんが見ている間だけ首輪をつけておいて、すっかり慣れて嫌がらなくなったら、ずっとつけていても大丈夫です。

猫に服を着せる場合にも、やはり猫目線が大事です。お店にはかわいい商品がたくさん並んでいて、「これ絶対うちの子に合う！」なんていいながら選ぶのも楽しいものです。でも、愛猫さんにとってそれが必要なのか、愛猫さんは嫌がらないかなど、愛猫さんと相談してみてくださいね。ちょっとだけ着せてすぐ脱がせるなど、愛猫さんのストレスにならないよう配慮しましょう。大切な家族である愛猫さんにとっても、飼い主さんにとっても気持ちよく、楽しく過ごせるよう、必要に応じて服や首輪を選べるといいですね。

服や首輪で気をつけたいこと

服や首輪をつける第一前提として、猫さんが嫌がっていないことと、不必要に動きに制限を与えないことが重要です。治療目的で動きを制限するものもありますが、ファッションで動きに制限を与えてしまうものは歓迎できません。蒸れにくいなど、素材にも気をつけたいところです。グルーミングができなくてストレスになってしまうこともあるので、必要がなければ長時間着せておくことも避けたほうがいいでしょう。

また、いざというときすぐに脱げるようなものであること、危険がない場所に限定すること、飼い主さんが常に見ていること、といったことも重要になってきます。

万が一服を着たまま外に出て行ってしまい、他の猫と喧嘩になって服に相手の爪がひっかかってしまったり、フェンスなどに服がひっかかってしまったり、といったことが起こると、場合によっては命の危険さえあります。小さな子供と同じです。大人が見ていないところで、お子さんがネクタイをつけたまま走り回っていたりしたら、危険だと感じますよね。

マチコ巻きだ

靴はムリ

これは服に限ったことではなく、首輪も同じです。名前や連絡先を書いた首輪は、万が一迷子になったときのことを考えると重要ですが、過度な装飾がついていたりして、狭いところに潜ったときにひっかかって、首がしめられてしまうこともあります。外に出さないように注意することがまず大事ですが、家の中であっても、首輪も服も、安全なものを、きつすぎず緩すぎず、適度に着装させてください。

皮膚病？　ストレス？

いつの間にか、愛猫さんのおなかや腕、脇腹などがハゲていた、なんていう飼い主さんもいらっしゃるかと思います。どうやら猫が自分で自分の毛をむしってしまうようなのです。

猫が自分の毛をむしってしまう理由としてまず疑うべきは、病気があるのではないかということ。皮膚病、膀胱炎、腎臓病、関節炎など、動物病院で検査してもらって、身体のどこかに異変がないか調べてもらってください。

皮膚炎などで肌が気になってしまって触ってしまう、かいてしまう、毛をむしってしまうというのはなんとなくわかる気がします。人間でも、肌荒れしていると触ってしまって悪化してしまうことがありますよね。

膀胱炎や腎臓病といった病気の可能性もあります。患部が外側から気になって舐めまわしてしまうのです。

患部のすぐ外側でないにしても、どこかに疾患があって、気を紛らすために身体を舐めてしまったり、関節などが痛くてそのストレスから関係ないおなかを舐めてしまったり。身体のどこかがおかしい、痛い、気になると感じていて、それをなんとかしたいと思ってつい毛を舐めたり、むしったり、皮膚をかじってしまったりして、結果的にハゲてしまうこともあるのです。

こうした行動を「葛藤行動」といいます。

「葛藤行動」は猫の毛むしりに限ったことではありません。

例えば、人間でも、何かイライラすることがあると貧乏ゆすりをしてしまったり、頭をくしゃくしゃっとかきむしってしまったり、爪をかじってしまったり。早く帰りたいなぁと思いながらその場から離れられないとき、つい手近なものをいじってしまうこともありますよね。こうした行動も「葛藤行動」です。

病気が原因の場合、病気を治すことで猫自身が「気になる」状態から解放されるので、お手入れの度を越して舐めてしまうことも減ることがあります。

よ。
おはよっ
よ。
どう？
ハゲ治ったかい
あ、お母さん、またあのハゲの子きたよ
おはよー
……
ホントだ
おはよう猫ちゃん
これはモヨウだいっ
生まれつきだよ
オイオイ
よしよし
泣かんのよ
あんまり気にするとハゲるよ

「退屈」もストレス、「葛藤」に

検査の結果、特に身体に悪いところはなかったのに、それでも毛むしりをやめないこともあるかと思います。毛むしりの原因となり得ることは他にもあります。例えば、「退屈」も「葛藤行動」につながる可能性があるのです。「退屈」な状態から脱したいのに、何もできないというストレスから、つい自分の毛をむしったりかじったりしてしまうということも充分あり得ます。

退屈が原因であれば、そうした問題行動を起こしやすい時間帯があると思います。その時間帯にはできるだけ遊ばせて、気を紛らわせるのが特効薬。退屈しないように、「知育トイ」を用意するのも手です。

他にも、おやつを隠しておいて探させるゲームなど、飽きがこないよういろいろ工夫してみるのが良さそうです。

仲良しの猫がいるのに、1匹だけが毛をむしっている、なんてこともあるかもしれません。そこはやはり、飼い主さんでないとダメなのかも。いくら兄妹や友達といつも一緒に遊んでいたとしても、「ママと自分」の時間も欲しいはずです。一対一の関係が大事なんですね。

大好きなレーザーポインターの意外な落とし穴

不思議な光が不規則に動く（実は飼い主さんが動かしている）レーザーポインターが大好きという猫さんもいますが、この遊び、落とし穴があるのです。

レーザーポインターの光を追いかけまわすのは、ハンティング遊びの一種で

レーザーポインター遊び。

ペットボトルを利用した知育トイ。

す。普通のおもちゃであれば捕まえてかんだり蹴ったりできますし、先に紹介した知育トイなら、おやつを手に入れることができます。でも、レーザーポインターの光は、どんなに努力しても捕まえることができません。

107ページでもお話ししたコントラフリーローディング効果がここにも当てはまります。自分で努力して獲物を捕まえるほうが満足度は高いし、それが実現できないとなると、猫にとってストレスになってしまう可能性があるのです。最後にゴールを与えないと、レーザーポインター遊びもまた「葛藤」になってしまうので要注意なのです。

レーザーポインターで遊ぶときは、好きなおやつの場所に導いて、おやつをゲットさせて終了するなど工夫するといいかと思います。遊ばせているつもりが、むしろ「葛藤」を与えていたら、残念な話です。

癖を通り越した「常同障害」

病気の場合でも「退屈」の場合でも、「葛藤行動」の末におなかなどを舐めまわして毛をむしることが癖になってしまう場合があります。

癖になってしまうと、病気そのものが治ったり、たくさん遊ばせたりして「退屈」がなくなった後でも、すっかり毛むしりが当たり前になってしまって、なかなかハゲが治らないなんてこともあります。

一時的に服を着せて舐めてしまう場所を覆ったり、舐めようとしたら遊ばせて気をそらせたりして、徐々に舐める癖をやめさせるのも手です。

私の飼い猫の海ちゃんは、おなかがすくとわざと自分の脇腹の毛をむしって私に見せにきます。

「ほら、こんなにおなかがすいてるんだよ！　ほら、毛をむしっちゃうよ！」

って。おなかがすいていることを伝えるために毛をむしってしまう海ちゃんですが、それは関心を求める行動であり、血が出たり皮膚病に発展するほどでもなく、この猫はこういうことをするんだ、と理解し、受け入れています。海ちゃんがおなかをすかせているときに知育トイを与えて、遊びながらおやつを自分でゲットできるようにすることで、ストレスを軽減させています。

問題は、もはや癖を通り越して、「常同障害」になっている場合です。

既に常同障害については一度触れていますが、これは人間でいう「強迫性障害」と類似の病気です。すっかりきれいになっているのにいつまでも手を洗いつづけてしまうとか、とにかく一定の行動をしないと落ちつかない心理状態に陥ってしまうのです。

犬や猫の場合ですと、例えば自分のしっぽを襲ってしまい、ひどい場合には噛みちぎってしまうこともあります。また、高齢で痴呆になってぼーっとしているのとは違って、執拗にじっと一点を凝視したり、何かに執着して見えないものを追いかけまわしたりするのも、常同障害の疑いがあります。

こうなると病気の可能性が高いので、獣医さんに相談しなければなりません。必要であれば二次診療を受けることも検討したほうがいいかと思います。

インターネットで検索すれば、日本獣医動物行動研究会が出している専門の獣医師リストが出てくるので、問い合わせてみるのもいいかもしれません。

猫の性格と行動の因果関係

「うちの子は臆病で、玄関のチャイムが鳴るだけで逃げる」とか「うちの子は天真爛漫」とか「うちの子は誰とでも仲良くできる」とか、「うちの子は気分屋さん」とか、皆さんは愛猫さんの「性格」をよくご存じかと思います。

愛猫さんの性格は、どうやって形成されているのでしょうか。また、その性格と行動にはどんな因果関係があるのでしょうか。ここでは、さまざまな要因が組みあわされて形作られる猫の性格や行動について触れたいと思います。

＊＊＊

猫の行動の決め手は？

喜怒哀楽に関する脳の活動のことを情動（emotion）といいます。情動は猫さんの場合おそらく行動に表れていると思います。欲求が満たされたり、安心していたり、好きと感じたりしているときは快情動に、不安や恐怖を感じていたり、欲求が満たされなかったり、不快なときには不快情動になります。

これらの喜怒哀楽の情動は大脳辺縁系がもたらします。大脳辺縁系という部分は進化論的には比較的「古い脳」とされています。脊髄―脳幹―大脳基底核の部分は「爬虫類の脳」という呼び方をする人もいますが、動物の系統発生上、爬虫類から哺乳類までみんな共通して持っているものです。

この脳幹から大脳基底核の上に大脳辺縁系が存在します。大脳辺縁系の上を覆っているのが大脳新皮質と呼ばれる進化学的に最も「新しい脳」で、動物が高等になるにつれこの部分の脳が複雑化しています。

大脳辺縁系のなかで目立って存在しているのが海馬と扁桃体です。扁桃体は情動や動機づけに、海馬は空間把握や記憶の形成に重要な働きを持ちます。困難な状況に置かれると、その情報が扁桃体で処理され、逃避行動、攻撃行動などの不快情動に関連する行動が引き起こされます。

動物はさまざまな経験を通して、快情動をもたらすことにつながる行動を行なおうとし、不快情動をもたらす刺激からは距離を置こうとします。

猫も過去の経験や脳の反応から不快情動が引き起こされれば、その事象からは距離を置いたり、攻撃行動に出たりして自らの身を守ろうとします。逆に快情動が引き起こされた場合は、近づいたり、もっとその刺激が欲しいとねだったりして、関心を求める行動を起こします。

このように、猫の行動は経験と脳の働きにより決められています。

パタ
パタ
パタ
エイッ
すいません
どういうつもり
わたしに拾ってこいと?
ちょっと調子に乗りすぎました…。
(あるある)

人馴れの鍵を握るのは父猫

１９６０〜１９７０年代にかけて、動物の行動は経験と学習のみで作られるのではないかと考える学派もあったようです。

しかし、現代では、動物の行動には遺伝的要因も影響していることが当然と考えられるようになり、動物のあらゆる行動は遺伝的要因と学習、環境要因の兼ねあいによって成立するという考えになってきました。

猫が人に懐きやすい性格かどうかは、その猫の父猫が人馴れしているかどうかに左右されることがわかっています。一般的に父猫は子育てには参加しないので、父猫の行動を子猫が観察して学習したというより、遺伝的な要因があると考えられます。父猫が人馴れする性格で、生まれた子猫を取り巻く環境が適切で充分に社会化された場合、その子猫も人馴れする猫に育つのです。

猫にも鬱病はある?

私たち人間は、日々の生活の中で、何かがきっかけになって落ち込んで、食欲不振に陥ったり、眠れなくなったり、やる気が減退したりすることが、しばしばあります。その状態が長引いて、原因となった出来事が解決してもなお症状が緩和することなく継続するような状態になってくると、だんだん通常の生活を送るのにも支障が生じはじめる事態になります。

鬱病と呼ばれる病気です。原因はまだ不明な点が多い病気ですが、仕事や人間関係などによるストレスや環境の変化に加え、個々の人の性質も関わりがあるのではないかと考えられています。人間が社会生活を送るうえで生じる病気のひとつともいえます。

それぞれ個性があり、かつ社会的な動物である以上、もしかしたら猫にも鬱病ってあるの？と素朴な疑問が生じます。

日々、愛猫さんの様子を見ていて、「うちの子は臆病で、いつもビクビクしている」「すぐに押入れに引きこもってしまう」「いつも困った顔をしている」と思う飼い主さんもいらっしゃるかと思います。そして、「ひょっとして、うちの子は鬱病かも」と思い至る方もいらっしゃるかもしれません。

答えを最初にいいますと、猫にも鬱病と呼ばれる病気があるのかどうかは、脳神経学的には不明です。

愛猫さんの顔や仕草などを見ていて、なんとなく擬人化して考えてしまうことはあるかと思います。人間は自分たちの感情や行動を動物に当てはめて、落ち込んでいるように「見える」と、抑鬱状態ではないかと思ってしまいます。でも、本当にそれが鬱症状なのか、学術的な研究がなされていないため、わからないとしかいいようがありません。

落ち込んで「見える」のは、体のどこかが痛くて、苦しんでいるからかもしれません。引っ越しなどの環境の変化で不安を感じて隠れたりする猫さんもいるかと思います。

また、例えば甲状腺機能の亢進や脳腫瘍ができたことで、性格や行動がそれまでとは変わることもあります。日々の観察の末、愛猫さんの行動に変化が見られると感じたら、動物病院に相談してみてください。

食欲不振はさまざまな要因が考えられますので、やはり動物病院へ。「少しくらい食べなくても大丈夫」なんてことは、猫にはありません。「うちの子は肥満気味だから、食欲が減ってダイエットになっていいわ」なんて考えはNGです。肥満気味の猫さんほど、脂肪肝（肝臓の細胞の多くが脂肪に置き換わってしまい、正常に機能しなくなる）になりやすいのですが、食べないでいることはかえって肝臓に負担になりますので、要注意です。

検査の結果、身体的には何も問題がないとの診断が出れば、二次診療を受けるべく、動物行動学の認定医など、動物の精神科医を紹介してもらいましょう。鬱病があるのかないのか。現状の動物の医学では判然としませんが、愛猫の心身の健康管理は飼い主さんの大事な努めです。不安や疑問があったら、まずは動物病院に相談してくださいね。

猫にもある認知症。高齢猫の行動、ここが注意

最愛の飼い猫さんは、病気などがない限り、大事に育てていればいるだけ、長生きをします。愛猫さんの高齢化に伴い、さまざまな病気のリスクが生じます。猫の高齢化とどう向き合うか、考えてみましょう。

＊＊＊

高齢猫の25％が認知機能低下

平成29年に日本ペットフード協会が発表した日本に住む猫の最新の平均寿命は、15・33歳でした。また、家の外に自由に出入りしている猫の平均寿命が

13・83歳であるのに対し、完全室内飼いの猫の平均寿命は16・25歳。外では事故に遭ったり、怪我をしたり、病気に感染する可能性が高まるためです。

完全室内飼いなど猫の飼い方に関する意識も高まり、猫の平均寿命は年々延びています。そこで気になるのが、飼い猫の高齢化です。人と同じで、猫も年をとるにつれ、体力が低下したり、体調も崩しやすくなってきたりします。

年をとってくると、若いころよりも元気がなくなる、寝てばかりいる、食欲が落ちた、高いところに登れなくなる、頻繁に吐く、うんちが緩い、うんちが出ない、ふらついているなどといったことが増えてきます。

身体能力の衰えだけではありません。実は、猫にも認知症というべき症状があることがわかっています。年をとると忘れっぽくなり、さっき食べたばかりなのに何度もごはんを催促するといったこともあるようです。

猫の場合、11～14歳（人間で60～72歳くらい）の猫の30％、15歳（人間で76歳くらい）以上の猫の50％に認知機能の低下が見られると報告されています（※⑥）。

私が以前飼っていた小太郎も、正確な年齢はわかりませんが、およそ13歳で亡くなりました。リンパ腫だったのですが、有名なエッティンジャーという学

※⑥『JAVMA, Neilson et al 2001, Small Animal Practice, Gunn-Moore et al 2007』

者が書いた内科の教科書によると、リンパ腫を発病する平均年齢は13歳なので、どうも小太郎は分厚い教科書を読んで実践してしまったようです。

病気の愛猫さんを目の当たりにするのはつらいものです。病気にならないようフードに気をつけたり、愛猫さんの様子を注意深く見て適度な運動、精神的に豊かな暮らしをさせるよう心掛けるといいですね。

「高齢だからしかたない」は禁物

一緒に暮らしていると、高齢になった愛猫さんの変化に気づく日がくるでしょう。

そんなときに大切なのは、「もうこの子もおばあちゃんだからねぇ」とか「おじいちゃんだから仕方ないね」などと、自己判断してしまわないことです。

例えば、夜鳴き。単に高齢で認知症になり夜鳴きをするようになったのか、病気など別の要因で夜鳴きをしているのか心配ですよね。

夜鳴きには、寂しい、おなかがすいたなど、それぞれの猫にそれぞれの理由があると思います。高齢猫の場合、ごはんを食べたのに忘れてしまって催促で夜鳴きするとか、自分がどこにいるかわからなくなって不安で夜鳴きをするなど、認知症の可能性もあります。

認知症以外の可能性としては、高齢で目が見えにくくなったり、耳が聞こえにくくなったりして不安で夜鳴きをするとか、飼い主さんの気を引くためとかいう可能性もあります。

甲状腺機能亢進症の疑いも考えられます。甲状腺ホルモンが過剰に出されることによって起こる全身の病気です。猫の内分泌疾患では最も多い病気とされています。甲状腺ホルモンが過剰になると、落ちつきがなくなったり、攻撃的になったり、痩せてきたりしますが、夜鳴きも症状の一例かもしれません。腎臓が悪かったり、血圧の変化があったりしても夜鳴きをすることはあります。

嘔吐にしても、猫はよく毛玉を吐きますし、年を重ねるごとに抜け毛も増えて毛を吐く量も増えるかもしれません。でも、それ以外にも腎臓病や癌の可能性もありますから、やはり検査をしたほうがいいでしょう。

よたよたしているな、と思っても、高齢で足腰が弱くなったためではなく、実は神経や関節に問題がある可能性だってあります。口内炎や歯周病では口をくちゃくちゃしたりよだれをたらすこともありますから、「年だから口の締まりが悪いのね」と自己判断せず、やはり動物病院に連れて行ってくださいね。

愛猫の認知症とどう向き合うか

動物病院での検査の結果、健康面に問題がなく、高齢に伴う軽い認知症や認知機能の低下との診断が出れば、少しでも症状が進むのを防ぐために、ビタミンEやビタミンCなどの抗酸化成分や、DHA、EPA配合のシニア猫用フードで補っていくのもひとつの方法です。認知症の猫のための抗酸化成分配合のフードやサプリメントもあります。

人間ドックみたいに、猫も年をとってきたら、半年から1年に1度くらいはきちんと検診をすることが望ましいでしょう。触診、尿検査、血液検査、歩き方などを診てもらいます。

とにかく、自己判断しないこと。行動が今までと違うと思ったら、まずは動物病院で診察してもらってください。さまざまな病気の可能性をチェックして、すべてクリアして初めて、単なる高齢による行動の変化というホッとできる結論が出るのだと思ってください。大切な家族を守るには、それくらいの覚悟が大事ですね。

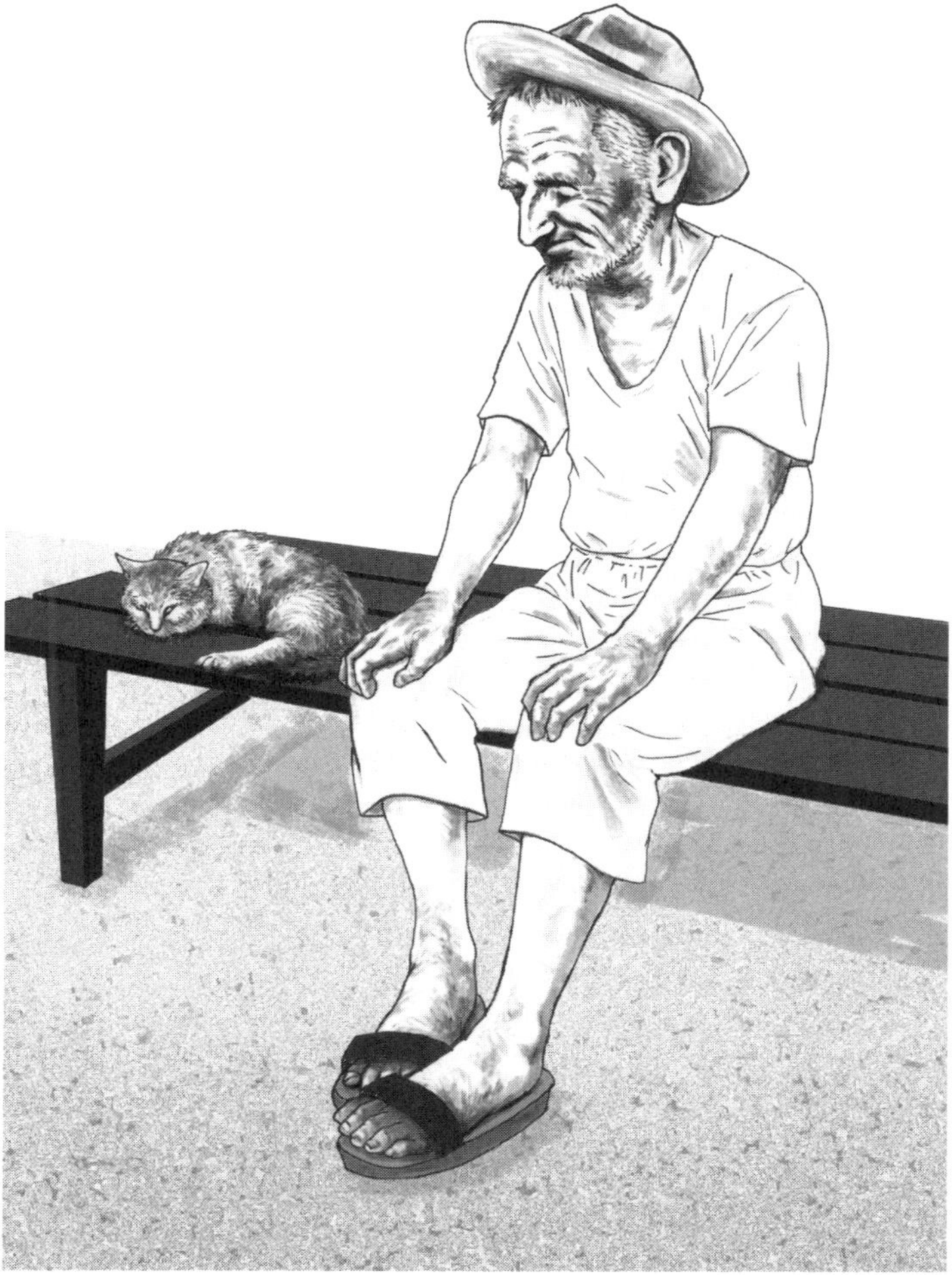

第六章

もしものときに猫さんとの暮らしを守るために

災害列島日本で猫と暮らす

災害時には猫が慌てて外に逃げ出した、ガラス戸と網戸の隙間に猫が挟まれている！　というツイートが目立つと聞いています。

地震や豪雨、雷など、人間でも怖いと感じるものは、猫も怖いと感じます。激しい揺れや大きな音、大好きな飼い主さんが慌てふためいている様子などから、猫も危機感を抱いてパニックを起こします。

ここでは、災害時の避難や、緊急事態が自分の身に起こったら愛する猫をどう守ればいいのか考えたいと思います。

＊＊＊

地震などの自然災害で逃げる猫さん続出

災害時に愛猫さんの姿が見えなくて慌てて大声で探し回ると、よけいに愛猫さんをびっくりさせてしまうことがあります。そのためにも、自分の愛猫がどこに隠れる習慣があるのか、日頃からチェックしておくことが大切です。

ソファやベッドの下、押入れの中など、災害時に自分の愛猫の姿が見えないと思ったら、まずは猫自身が決めている隠れ場所にいることを確認して、やさしく声がけをしてください。

普段から猫が隠れる場所の安全確認も忘れないでください。隠れ場所が壊れてしまうことがないよう、修理しておくなどしましょう。また、周りに落ちてきそうなものが置いてあるようなら、別の場所に移動させておきましょう。

災害が発生した直後、家の中がとりあえず一番安全であると判断できるようなら、無理に愛猫さんを隠れ場所から引っ張り出さず、そのままそっとしておくほうがいい場合もあります。落ちついたら、おやつを与えて、大丈夫だよと声をかけて安心させるといいかと思います。

ポイントは、普段と同じように声をかけること。飼い主さんが普段と違った行動をしている、飼い主さんも怯えてパニックになっていると思われると、猫はよけいに怯えてしまいます。「この人がいれば安心」と思ってもらえるよう、平常時からやさしい声かけをして覚えてもらうのが良さそうです。

愛猫さんも一緒にただちに避難が必要な状況であれば、そっとキャリーバッグや持ち運びできるケージに入れますが、飼い主さんが慌てて愛猫さんを捕まえようと追いかけまわさないほうがいいです。逃げようとしているのに捕まえようとすれば、思うように動きがとれないことに恐怖を感じていっそう怯えさせてしまいます。愛猫さんがパニックを起こして、ひっかかれて怪我をする恐れもあります。

猫だけ一時的に家に残して避難するのがベストな状況、という場合もあるかもしれません。万が一そういう事態になったときを想定して、地震などで壊れてしまいそうな窓や壁はないか、隙間が空いてしまいそうな場所はないかなど、日頃から確認しておきましょう。

人間のみとりあえず避難所に向かうのであれば、玄関やわかる場所に「猫が2匹います」などと貼り紙をしておくと、自治体などの見回りの方々がフードを入れてくれます。そうした貼り紙がないと、何日もごはんがなく、見捨てられた状態になってしまう恐れがあります。

日頃からキャリーバッグなどにすんなり入ってもらう練習をしておくのも、備えのひとつです。

キャリーバッグを見るだけで「病院だ！」と思って逃げてしまう猫もいるかもしれません。「キャリーバッグ＝嫌なもの」と思われないように、キャリーバッグの中におやつを入れておいたりして、「キャリーバッグに入るといいことがある」と学習させておくのがいいでしょう。また、「おいで」と呼べば来るよう、おやつを使って練習しておくのも大事です。

隠れ場所を確認しておくこと、呼べばくる練習をしておくこと、キャリーバッグにすんなり入ってもらう練習をしておくこと以外に、首の付け根にマイクロチップを入れておくこともおすすめです。

迷子のときに見つけてもらえるよう、首輪に名前や連絡先を書いておくといいですが、金網などに首輪がひっかかって首が絞まったり怪我をしたりする危険もあります。最近の首輪は安全のため負荷がかかると外れるようになっているものもありますが、それだと首輪自体がなくなって意味をなさなくなってしまいます。情報を入れたマイクロチップを体に埋め込んでおくと、保護されたときに飼い主さんにより早く連絡ができます。

マイクロチップの性能も飛躍的に良くなってきています。以前は違う機種だと反応しませんでしたが、今は違う機種であっても読みとりが可能になっています。災害時でなくても、猫が脱走して行方不明になったときに有効なので、導入をおすすめします。

避難時に気をつけること

実際に避難所に移動する場合にも、さまざまな注意が必要です。避難ルートなどは平常時から確認しておきましょう。移動の際には、キャリーバッグやケージに入れ、扉が開かないようにガムテープなどで周囲をしっかり固定。避難所での受け入れにはキャリーバッグなどに入っていることが前提です。壊れにくいハードなもので、持ち運びしやすく、安全なものを選ぶこと。

避難所によっては動物同伴可能であったり、動物の預かりをしてくれたりします。動物が苦手な人やアレルギーのある人もいる場合があるうえ、収容数に限りがあるので、災害時の無用なトラブル回避のためにも、各所で定められたルールを守って利用しましょう。

また、飼い主さん自身が公務員であったり、医者や看護師など医療従事者であったり、電気、水道、ガスなどのライフライン、消防関連の仕事に従事しているのであれば、災害時には救助や復旧活動などのため長期間自宅に帰ることができないこともあります。事前に身内や知り合いに、災害時に自分の動物家族に関してどうしてもらいたいか話し合い、助けてくれるようお願いしておく

非常持出袋

ヘルメット

避難経路確認

といいでしょう。

災害時には、自助が前提になります。まずは自分で自分のことをする。「自分」の中に動物家族が含まれているのであれば、事前に準備をしておき、災害発生時、発生後もできる限り自分で努力することが大切です。

人間ひとりでも避難は大変ですが、多頭飼育をしている飼い主さんの場合は特に、災害時にどうしたらいいのか事前に考えておかなければならないですね。

アメリカで甚大な被害をもたらすハリケーンなどの自然災害でも、一緒に避難する家族の中に高齢者や子供、動物家族がいる家庭は、避難しきれず、命を落とすケースが多いようです。

最悪のケースを想定してシミュレーションをしたり、避難準備をしたり、避難訓練をしたりしてください。愛猫さんに必要な薬があれば、それも用意しておいたり、万が一の時に備えて薬の名前などを書き記して荷物に入れておいた方がいいでしょう。

避難時や避難所での注意事項や用意するものは、環境省の「災害時におけるペットの救護対策ガイドライン」に掲載されています。インターネットでも見られますので、ぜひ、チェックしてみてください。

ペット用の備蓄品と持ち出す際の優先順位の例

優先順位 1　備品と飼い主やペットの情報

- 療法食、薬
- フード、水（少なくとも5日分［できれば 7日分以上が望ましい］）
- 予備の首輪、リード（伸びないもの）
- 食器
- ガムテープ（ケージの補修など多用途に使用可能）
- 飼い主の連絡先とペットに関する飼い主以外の緊急連絡先、預り先などの情報
- ペットの写真（携帯電話に画像を保存することも有効）
- ワクチンの接種状況、既往症、健康状態、かかりつけの動物病院などの情報

優先順位 2　ペット用品

- ペットシーツ
- 排泄物の処理用品
- タオル、ブラシ
- おもちゃ
- 洗濯ネット（猫の場合）など

災害に備えたしつけと健康管理の例

猫の場合

- ケージやキャリーバッグに入れることを嫌がらないように、日頃から慣らしておく。
- 人やほかの動物を怖がらない。
- 決められた場所で排泄ができる。
- 各種ワクチン接種を行なう。
- 寄生虫の予防、駆除を行なう。
- 不妊、去勢手術を行なう。

環境省「災害時におけるペットの救護対策ガイドライン」より。
写真はわさびちゃんちのペット用避難グッズ。

猫にもあるPTSD

地震や豪雨、雷などによる激しい音や揺れを感知すれば、猫も危険を感じてびっくりしたり、逃げたりします。怖いと感じて逃げたり隠れようとしたりする行動は、身の危険を感じたときの「正常行動」で、むしろ当然の反応といえます。

人間と同じで、猫や他の多くの動物も、地震の揺れや雷の音や光は「怖いもの」として記憶に残ります。中には、緊急避難警報の音を記憶していて、警報音を聞いただけで隠れてしまう猫もいます。以前の記憶から、逃げなければ危険、隠れていれば助かる、と学習しているからです。

人間同様、猫にもPTSD（心的外傷後ストレス障害）はあります。「怖い」という記憶が過剰に脳に残っていて、ちょっとした物音にも過敏に反応してしまうことがあるのです。過度に不安がって、いつまでも震えていたり、いきなり攻撃的になったり、怯えて隠れ場所から出てこなくなってしまったりします。そういう場合は、PTSDや不安障害に陥っている可能性があります。

PTSDになっている場合は、かかりつけの動物病院にも相談のうえ、不安を和らげるお薬やサプリメントを与える必要があるかもしれません。

災害とは違いますが、猫にも「雷恐怖症（サンダーストームフォビア）」があります。雷鳴や、気圧の変化など雷を予測させるものを感じとって過度に怯えてしまう病気です。このような病気も、治療することができます。お薬などに関しては、動物病院にお問い合わせください。

エッセイ②　海の進のこと

海ちゃんはもともと、実験施設にいた猫でした。

私が出会ったときは獣医大学の病院の入院室にいて、輸血が必要になった猫たちに輸血をする猫でした。入院室でおしっこを自分の水飲み皿の中にしてしまったり、自分で自分の体の毛をむしってしまっていました。お世話が少し大変な猫だったようです。それなこともあって、看護師さんの負担軽減のため、お正月休みに私が自宅で預かることになりました。以来、海ちゃんはうちの子になったのでした。

海ちゃんは甲状腺機能亢進症という病気もあることから、決まったフードしか食べられない猫です。そんな決められたフードも文句をいわずにパクパク食べる食いしん坊です。

でも、食いしん坊だからこそ抱えている問題もあります。

海ちゃんはおなかがすくと、どうしようもなくストレスを感じてイライラしてしまうようです。私が夜遅くに帰ってきた日や、朝少し遅く起きた日など、ごはんが期待している時間に出てこないと、横腹の毛をむしりはじめるのです。家に帰ってくると玄関に海ちゃんの毛がふわふわ飛んでいることは珍しくありません。自分でハゲをこしらえてしまう猫なのです。

海ちゃんはとってもいい子でした。少なくとも数年前までは。食卓に登ることもなく、人の食べものを盗み食いすることもなく、聞き分けのいい子だったのです。でも、少し前から急に、食卓のテーブルの上に登ることを覚えてしまいました。

おいしいものを食卓で見つけて食べたわけではなく、おそらく机の上が暖かく、私たち家族が机の上に海ちゃんがいると「そこにいていいのかな?」「なぜいるのかな?」と声をかけるので、私たちの反応が嬉しくて積極的にのっているのかもしれません。

海ちゃんのわんぱくぶりは年々エスカレートしています。テーブルを攻略した後は、箸置きを床に落として遊びはじめました。今までやっていなかったいたずらに急に目覚めてしまったようです。

さらに最近は、ランチマットの上にどっかりと寝ているときもあります。ひどいありさまです。海の進よ、その行動はどうにかならないものかね。母としてはやめてもらいたいのだが……。

献血猫になる前は研究施設にいた猫なので、あまり猫らしいいたずらもできなかったのかなと思うと不憫でもありましたが、ようやくここにきて本領発揮です。困ったものですが海ちゃんが私たちとの暮らしを楽しんでくれているのなら、それは私たちにとってもとても嬉しいことなのです。

あとがき

動物行動学を学ぶと動物の気持ちがわかって、動物と会話できるんだ！と私に教えてくれた先生はふたりいました。Dr. Andrew Luescher には犬の気持ちの読み方を教わり、Dr. Sharon Crowell-Davis には猫の気持ちの読み方を教わりました。

とくに猫の気持ちの読み方は日本の獣医学部などでもなかなか勉強できないため、猫の行動学を学んでからというもの、自分の周りにいる猫たちの様子を見るのが本当に楽しくなりました。

猫の気持ちを理解し、猫を幸せにできるようになると、私自身も幸せになりました。皆様にもそんな体験をしていただきたいです。

猫の行動学をベースにしたお話を、かいつまんでご説明してきました。少しは皆様の愛猫ライフのヒントになれば幸いです。

最後に私が所属している「ねこ医学会（Japanese Society of Feline Medicine）」についてご紹介させてください。

ＪＳＦＭは、猫医学の発展への寄与や、猫にとってやさしい動物病院環境を奨励することを目的として、２０１４年に設立されました。イギリスに本部のある国際猫医学会（International Society of Feline Medicine）の公式パートナーです。

ＪＳＦＭでは、猫に特化した病気に関して獣医師と看護師が定期的に勉強できるような仕組みを作ったり、猫にやさしい病院づくりを目的としてキャットフレンドリークリニック（Cat Friendly Clinic）の国内普及活動を行なっています。ＣＦＣを取得するには、動物病院は国際基準を満たす必要があます。猫にやさしい環境を提供できる病院、ご家族にご安心いただけるような病院であることが前提です。動物病院がそうした環境を整えるための「道しるべ」となるシステムになっています。

ＣＦＣ認定された病院は、猫のことを考えて工夫している病院、猫にやさしくなれるように勉強している病院とお考えいただけたらと思います。大切な家族である愛猫さんのための、病院選びの基準になれば幸いです。

２０１９年１月記す

入交眞巳（いりまじり・まみ）

日本獣医畜産大学（現日本獣医生命科学大学）卒業。都内の動物病院にて勤務後、米国パデュー大学で学位取得、ジョージア大学付属獣医教育病院獣医行動科レジデント課程を修了。アメリカ獣医行動学専門医の資格を有する。北里大学獣医学部講師、日本獣医生命科学大学獣医学部講師を経て、どうぶつの総合病院・行動診療科主任、日本ヒルズ・コルゲート株式会社の学術アドバイザーを務める。現在も全国の獣医大学にて非常勤として教鞭をとっている。

猫が幸せならばそれでいい
猫好き獣医さんが猫目線で考えた「愛猫バイブル」

2019年2月13日　初版第1刷発行

著　者　入交眞巳

漫　画　おぷうのきょうだい

発行者　森 万紀子

発行所　株式会社 小学館

〒101-8001　東京都千代田区一ツ橋2-3-1

（編集）☎03-3230-5901（販売）☎03-5281-3555

印刷所　凸版印刷株式会社

製本所　株式会社若林製本工場

装　丁　稲野 清（B.C.）

編　集　今井康裕（小学館）　本書の売り上げの一部は動物たちの保護などの活動に活用されます。

ISBN 978-4-09-388666-6